문화는 유전자를
춤추게 한다

문화는 유전자를
춤추게 한다

2025년 5월 08일 초판 1쇄 인쇄
2025년 5월 15일 초판 1쇄 발행

지은이   장수철
펴낸이   조시현
기 획   정희용
펴낸곳   도서출판 바틀비
주 소   서울시 마포구 동교로8안길 14, 미도맨션 4동 301호
전 화   02-335-5306
팩시밀리   02-3142-2559
출판등록   제2021-000312호

홈페이지   www.bartleby.kr
인스타   @withbartleby
페이스북   www.facebook.com/withbartleby
블로그   blog.naver.com/bartleby_book
이메일   bartleby_book@naver.com

이 저서는 2022년 대한민국 교육부와 한국연구재단의 지원을 받아 수행된 연구임(NRF-2022S1A5C2A04093488).
This work was supported by the Ministry of Education of the Republic of Korea and the National Research
Foundation of Korea (NRF-2022S1A5C2A04093488).

호모 사피엔스의 눈부신 번영을 이끈 유전자·문화 공진화의 비밀

문화는 유전자를
춤추게 한다

장수철 지음

바틀비

"우리는 왜 이렇게 살아가게 되었는가"라는
질문에 대한 독창적이고도 치밀한 해석

이정모 _전 국립과천과학관장, 『찬란한 멸종』 저자

『문화는 유전자를 춤추게 한다』는 생물학자의 시선으로 문화를 탐구한 드문 역작이다. 더 놀라운 건 그 문화의 소재가 바로 오늘날 세계인의 주목을 받고 있는 K컬처라는 점이다. K팝, K푸드, K드라마, K뷰티 등으로 대표되는 동시대 한국문화가 인류 진화사에서 어떤 함의를 가질 수 있는지를 유전자와 문화의 '공진화'라는 렌즈를 통해 조명한 이 책은 과학과 문화의 경계를 넘나들며 우리의 정체성과 인류의 미래를 함께 성찰하게 만든다.

책의 시작은 한 질문에서 출발한다. "한국인에게는 특별히 가무에 능한 유전자가 있을까?" 이 흥미로운 질문은 단순한 민족적 자긍심이나 신화가 아닌, 인간 진화의 오랜 궤적 속에서 춤과 노래가 어떻게 생존과 번식에 기여했는지를 분석하며 본격적인 여정을 시작한다. 인간은 왜 음식에 의미를 부여하고, 공정함을 중시하며, 서로

를 사랑하고, 때론 가족이라는 제도를 만들고, 도구를 쓰고 불을 다루고 문명을 일군 것일까? 생물학자의 눈으로 보면 문화는 단순히 축적된 관습이 아니라 유전자의 표현형과 상호작용하며 끊임없이 진화의 방향을 바꾸는 힘이다.

이 책은 총 10개의 장으로 구성되어 있으며, 각각의 장은 독립적인 주제를 다루되 전체적으로는 한 줄기의 흐름으로 연결된다. 초반부는 인간 본성에 가까운 주제들—춤, 음식, 공정성, 사랑과 가족—을 통해 문화의 기원을 탐구하고, 후반부로 갈수록 농업혁명, 질병, 유당 분해 능력, 문화의 다양성 등 구체적인 유전자 변화와 연결되는 사례들을 통해 문화와 유전자의 긴밀한 상호작용을 실증적으로 보여준다. 특히 각 장마다 실제 유전학 연구를 바탕으로 문화와 생물학의 교차점을 밝혀내고 있어, 단순한 이론서가 아닌 과학적 깊이를 지닌 흥미로운 시민 교양서다.

이 책은 한국 독자에게는 두 겹의 울림을 준다. 하나는 우리가 일상에서 소비하고 향유하는 K컬처가 단지 유행이나 산업적 성과로만 평가될 수 없는 인류사적 맥락을 갖고 있다는 사실. 다른 하나는 한국인의 삶과 문화가 유전자의 진화사 안에서 어떤 독특한 자취를 남기고 있는지를 객관적이고 과학적인 시선으로 바라볼 수 있게 한다는 점이다. 생물학, 인류학, 문화연구를 아우르는 이 책은 "우리는 왜 이렇게 살아가게 되었는가"라는 근본적인 질문에 대해 독창적이고도 치밀한 해석을 제시한다.

『문화는 유전자를 춤추게 한다』는 K컬처라는 가장 동시대적인 문화현상을 통해 인류 진화라는 가장 거시적인 관점을 끌어낸다. 그 과정에서 우리는 생물학이 문화의 언어로 말할 수 있으며 문화가 과학의 렌즈로 해석될 수 있다는 사실을 깨닫게 된다. 이 책은 단지 읽는 책이 아니라, 생각을 진화시키는 책이다. 유전자와 문화가 함께 춤추는 무대에 여러분을 초대한다.

인간이라는 종의 과거를 해부하고
미래를 전망하는 통찰

김응빈 _유튜브 채널 〈응생물학〉 운영자, 『생물학의 쓸모』 저자

우리는 오랫동안 자연이 우리를 진화시켜 왔다고 믿어 왔습니다. 그러나 이 책은 묻습니다. 과연 자연만이 우리를 진화시켰을까?" 『문화는 유전자를 춤추게 한다』는 이 도발적인 질문에 탁월하고도 흥미로운 답변을 제시합니다. 침팬지는 왜 난로를 만들지 못했을까요? 우유를 소화하는 능력은 언제, 왜 생겨났을까요? 그리고 우리는 왜 K-POP에 열광하고, 매운 음식을 즐기며, '공정함'에 유독 민감할까요?

이 책은 유전자와 문화가 서로를 끌어당기고 밀어내며, '공진화'라는 이름의 독특한 춤을 추어온 과정을 추적합니다. 춤, 음식, 가족제도, 질병과 치료, 농업, 그리고 정체성에 이르기까지, 인간 삶을 이루는 문화 요소들이 어떻게 유전자의 선택을 유도했고, 반대로 유전자의 변화가 어떻게 문화를 다시 진화시켰는지를 생생하고도 설득

력 있게 풀어 냅니다.

　무엇보다 이 책은 단순한 지식 전달을 넘어, '인간이란 무엇인
가'에 대한 깊은 성찰로 독자를 이끕니다. 진화는 끝나지 않았습니
다. 문화는 여전히 우리 유전자를 설계하고 있으며, 우리는 그 변화
의 한복판에서 다음 세대를 위한 선택을 이어가고 있습니다.

　『문화는 유전자를 춤추게 한다』는 인간이라는 종의 과거를 해
부하고 미래를 전망하는 통찰의 책입니다. 진화와 문화, 과학과 인문
학의 경계를 자유롭게 넘나드는 가슴 설레는 여정에 여러분을 초대
합니다.

과학에 익숙하지 않은
독자까지 사로잡는 매력

최광민 _연세대학교 시스템생물학과 교수

장수철 교수의 새 책을 즐거운 마음으로 감탄하며 읽었다. '유전자·문화 공진화'란 주제는 유전학과 진화학은 물론 인문학과 사회과학까지 아우르는, 논하기 복잡한 영역일 수 있다. 그러나 저자는 이 까다로운 주제를 전문가 특유의 부드러운 문장으로, 무엇보다 전체에 걸쳐 고른 난이도로 풀어낸다. 진화의 작용 방식을 설명하는 과정에서 자칫 유전자 수준의 복잡한 이야기가 펼쳐질 수 있는 대목에서도 통제력을 잃지 않는다.

진화학에 익숙하지 않은 독자들은 저자가 풍부한 상식 속에 녹여낸 새로운 학문적 발견의 이야기에 매력을 느낄 것이고, 진화적 행동과학에 어느 정도 익숙한 독자라면 저자가 서문에서 짧고 명료하게 요약한 학문의 역사를 되짚는 의미도 있을 것이다. 저자의 바람처럼, 특히 자연과학에 낯선 인문, 사회과학 배경의 독자들도 이 책을 통해 자연과학에 더 가까워지는 계기를 마련할 수 있기를 바란다.

생물학이 던진
인문사회적인 질문

장연규 _『유전자 스위치』 저자

장수철 교수는 가장 자주 만나는 동료 학자이자 친구이다. 나는 그와의 대화에서 열정을 배운다. 실제 내가 책 쓰는 일에 관심을 두게 되고, 저자가 된 건 온전히 장 교수의 열정 덕분이다. 2024년 유전자·문화 공진화 이론에 관한 원고를 작업 중이라는 귀띔을 듣고는 내심 놀랐었다. 과거 해당 분야의 바이블 같은 책인 『유전자만이 아니다』를 서문만 읽고 덮은 기억이 있었기 때문이다. 용어에서 알 수 있듯이 문화와 유전자는 상당히 이질적이어서 한 분야의 전문가가 혼자 녹여내기엔 어려운 주제이기도 하다.

비틀스의 열렬한 팬인 저자는 평소 다양한 문화에 관심이 많고, 대학 교양 강의에서 인문학과 생물학을 연결한 주제를 풍부하게 다루어 왔으며 이미 진화학에 관한 교양서를 출간한 바 있다. 그런 그가 이 주제에 도전하는 것이 전혀 낯설지 않았으며, 문화와 유전자의 공진화를 일반 독자에게 재미있고 쉽게 전해줄 적임자라는 생각이 들었다. 한참의 시간이 흘러 완성된 원고를 살펴보면서 느낀 첫인상은 아주 잘 읽힌다는 것이었다. 읽는 재미와 즐거움, 적절한 밀도를 갖춘 매력적인 원고였다. 『유전자만이 아니다』를 읽고 가졌던 좌절감을 보상받는 듯했다.

다윈의 진화론에서 생물종이 생존과 번식에 성공하려면 핵심 관건은 유전적 다양성 확보이다. 그런데 자연환경이 주는 선택 압력은 대부분의 생물 진화에 잘 적용되지만 인간 종의 유일한 계승자인 호모 사피엔스의 진화를 설명하기에는 좀 부족하다. 생명의 역사는 약 38억 년에 달하지만 현생 인류의 조상이 지구에 등장한 것은 불과 20만 년 전이다. 지극히 짧은 기간 동안 인간은 지구상 모든 생물의 지배종 위치에 올라섰다. 이런 급격한 진화와 성공 비결을 저자는 유전자·문화 공진화 이론을 통해 살핀다. 다양한 인간 문화가 어떻게 유전자와 상호작용을 거쳤는지, 춤과 댄스로 대표되는 K팝 문화, 음식 문화, 이기적 유전자와 이타성, 성 문화, 농업혁명, 인간이 똑똑해진 이유와 뇌 용적의 변화, 질병에 대한 저항성 등 다양한 소주제를 통해 정말 흥미롭게 들려준다. 특히 첫 번째 장에서 K팝 문화를 다룬 것은 상당히 인상 깊다. 유전자·문화 공진화를 다룬 기존의 저서(외서)들은 대개 서구 사회의 시선에 입각해 있는데 이 책에서는 한국의 문화를 중심에 놓고 이야기를 풀어간다. 한국 독자 맞춤형이다.

『문화는 유전자를 춤추게 한다』는 진화에 대한 지식을 줄 뿐만 아니라, 생물학이라는 과학이 어떻게 인문적, 사회적인 주제와 만나는지 잘 보여준다. 저자는 K팝의 칼군무에서 인류의 모방 본능과 공동체 지식의 전승 구조, 소속감과 일체감을 읽어낸다. 또 저자는 K푸드의 가장 큰 미덕을 '함께 음식을 즐기는 문화'로 지목한다. 음식 문화는 재료를 구하고, 요리하고, 함께 나누어 먹는 과정의 총합이며, 여기엔 인간 진화에 기여한 협동성과 사회성이 깊게 배어 있다는 것이다. 책의 10개 장을 통해 현생 인류가 유일한 계승자로 남은 이유는 호모 사피엔스가 가장 강해서가 아니라 오히려 육체적으로 약하더라도 다른 구성원과 잘 소통하고, 서로 배려하면서 사회성을 키운 결과가 아니겠느냐고 저자는 되묻는다. '승자 독식 체제'라고 비판받는 자본주의 시대를 사는 우리에게 꼭 필요한 질문이라 하겠다.

문화가 유전자에 남긴 흔적

몇 년 전 어느 평범한 가을 오후 나는 젊은이들로 붐비는 홍대 인근의 카페에서 후배와 커피를 마시고 있었다. 오랜만의 만남이라 서로 근황을 주고받던 대화의 주제는 어느 순간부터 K팝 음악이 한국을 넘어 지구촌 전체로 퍼져가는 현상으로 모여졌다. 가난한 후진국에서 태어나 자라고 개발도상국의 청년으로 대학을 다녔던 후배와 나는, 어느 날 눈 떠 보니 이 나라가 선진국이 되었다는 사실도, K팝과 한류가 아시아는 물론 서구 사회에까지 급속하게 파급되고 있는 현실도 그저 놀랍기만 할 뿐이었다. 이런저런 이야기 가운데 후배가 질문을 하나 던졌다.

"어떻게 K팝이 이렇게 큰 성공을 거둘 수 있었을까요? 혹시 우리 민족이 춤과 노래에 뛰어난 어떤 유전적 특질이 있는 건 아닐까요? 왜 우리는 학교 때부터 역사 시간에 한민족이 '가무를 즐기는 민족'이라고 배우기도 했잖아요."

명색이 생물학자인 내가 '춤과 노래에 더 뛰어난 재능을 발휘하도록 만드는 유전자'에 관한 연구는 아직 학계에 없다는 사실을 알려주자 후배는 약간은 실망스러운 얼굴이 되었다. 대화를 마무리 지으며 그는 아쉬운 표정으로 혼잣말처럼 덧붙였다.

"아니야, 유전자가 다를 거야. 그렇지 않고서야 뜻도 통하지 않는 한국말로 부르는 노래를 다른 나라 사람들이 이렇게 좋아할 수가…."

사실 이 대화를 나누기 한참 전부터 나는 '유전자·문화 공진화론'에 관한 저술을 구상하고 있었다. 본문에서 자세히 설명하겠지만 유전자·문화 공진화론은 다윈으로부터 시작된 진화론의 도도하고 넓은 흐름 가운데서, 문화가 인간 진화에서 어떤 역할을 했는지 그리고 그 영향력이 유전자를 어느 정도까지 변화시켰는지, 이렇게 변화된 유전자는 다시 인간의 문화를 어떻게 변모시키는지를 연구하는 학문적 조류로서, 진화론의 최전선 가운데 하나이다. 이론의 개요를 학부생 강의에 사용 가능한 일반적 교재 정도로 정리하려던 것이 원래의 계획이었다. 그런데 이날 후배와 나눈 대화, 특히 그의 질문이 원고를 쓰는 동안 내내 머리에서 맴돌았다.

'가무를 특별히 즐기거나 더 능숙하게 수행하도록 신체 기능을 조절하는 유전자'라는 것이 연구되거나 규명되지는 않았다 해도 존재 가능성조차 없는 것은 아니다. 다른 동물들과 달리 인간은 주어진 자연환경에 대응하는 과정에서 자신들만의 고유한 문화를 만든다. 그리고 이렇게 형성된 문화는 인간의 진화에 자연이 주는 선택압 못지않게 상당한 영향을 준다. 어느덧 머릿속에는 아주 오랜 옛날 우리 조상들의 모습이 떠올랐다.

국토 대부분이 산악이고 겨울 추위는 혹독하기 이를 데 없는 한반도에 정착한 조상들이 삶을 개척하려면 **'집단적 노동과 긴밀한 상호 소통, 공동체의 규율과 공통의 이야기'**가 필요했을 것이다. 지금처럼 의사소통 수단이 충분하지 않은 먼 과거에는 이런 사회적 기능의 상당 부분을 **'춤과 노래'**가 담당했었다. 지금 이 두 문장에서 굵은 글씨체로 표시한 사항들이 모두 인간의 문화다. 그리고 이들 문화는 인간의 유전자에 흔적을 남긴다.

'문화와 유전자의 관련성을 논하는 이론을 서술하는 마당에 이왕이면 현재 가장 뜨거운 문화 현상 중 하나인 K팝에서부터 이야기를 시작해 보자. 독자들이 유전자·문화 공진화론에 대해 풍부한 상상력을 발휘하기에 좋은 모델이기도 하겠다.'

결국 그날의 대화가 모멘텀이 되어 가장 일반적인 형태의 유전자·문화 공진화론 개론서를 쓰려던 기존 계획을 크게 수정했다. K팝을 비롯해 K푸드, K드라마 등등 K컬처 현상에서부터 이야기를 풀어가자는 쪽으로. 이 책은 그 결과물이다. 유전자·문화 공진화론이든 더 넓게 진화론이든, 우리가 발딛고 살아가는 현실 즉 자연과 사회문화에 관한 관심과 질문에서 시작한다면 흥미를 잃지 않고 즐겁게 탐구해 나갈 수 있을 것이다. 이제 그 여정을 떠나보자.

차례 ～～～～～～～～～～～～～～～～～～～～～～～～～～～

추천사 _5
머리말 _15

여는 글
진화하는
진화론

문화와 함께 진화한 유전자	25
침팬지는 왜 난로를 만들지 못했을까?	28
인간은 지금도 진화 중인 동물이다	31
진화하는 진화론	33
인간에 관한 오해와 이해	39
동물에게도 문화가 있을까?	44
이 책에서 논의하는 문화와 유전자	46

1장
K팝 유전자를
찾아라

왜 세계가 함께 춤을 추는가?	53
모방은 생존의 기본 요소	55
"헤이 아미, 소리 질러~"	60
말춤과 기타와 성선택	63
관광버스에서 관찰되는 한국인 DNA?	65
문화가 인류에게 선사한 영향력	69

2장
요리하는 동물,
인간

'조리'의 발견　　　　　　　　　　　　　　　　77
자연적인 것을 선호하는 심리　　　　　　　　　80
맛 감각은 오랜 진화의 결과물　　　　　　　　85
땀을 뻘뻘 흘리며 매운 음식을 먹는 이유　　　89
음식 문화가 선택한 유전자들　　　　　　　　91
어떤 음식은 추억을 소환한다　　　　　　　　93
K푸드가 일깨운 음식 문화의 원형　　　　　　97

3장
이기적 유전자는
어떻게
이타성을 낳았나

피는 물보다 진하다　　　　　　　　　　　　107
받은 대로 은혜를 갚는 호혜적 이타주의　　　112
공정성은 타고나는가, 학습의 결과인가　　　114
간접적 호혜성이 작동하는 사회　　　　　　119
뒷담화와 평판의 등장　　　　　　　　　　122
평판에서 K드라마까지　　　　　　　　　　125
이타성 유전자를 찾기 위한 조건　　　　　　127
좋은 사람이 되고 친구를 만드는 방법　　　　129

4장
성 문화와
인간의 진화

특별히 섹시하게 진화한 동물　　　　　　　139
유인원과 구분되는 인간의 성선택 특징　　　140
왜 남성의 성기는 '그 모양'일까?　　　　　　144
인간의 성적 매력은 몇 가지?　　　　　　　148
미래의 인류 성 문화는?　　　　　　　　　153

5장

**왜 인간은 종종
잘못된 문화를
만드는가**

결혼 시작, 연애 끝	159
타협 가설과 양육 가설	162
인류는 일부다처제를 버렸나?	166
근친혼, 집착과 금기의 역사	170
긍정적이지 않은 문화의 부작용	175

6장

**이토록
스마트한
인류라니!**

300만 년 동안 세 배 늘어난 뇌 용적	183
소통해야 살아남는다	185
상징적 사고 능력과 사회성	188
우리 종만 살아남은 이유	191
뇌 진화의 다른 방법	194
뇌 진화의 유산	196

7장

**농업혁명과
문화의 폭발**

문화의 폭발과 확장된 유전자 풀	205
논밭을 갈면서 바뀐 유전자들	209
피부색과 비타민 D 대사 관련 유전자	210
곡물 위주의 식사와 지방산 대사 유전자	213
억세고 튼튼한 치아는 사라지고	214
면역력 증가와 신대륙 정복	215
녹말에 익숙해지기	220
강아지도 녹말을 좋아한다	223

8장
**말라리아를
이기는
두 가지 방법**

악당을 때려잡는 더 심한 악당　233
농업과 모기와 말라리아의 3중주　236
'문화'라는 새로운 '선택압'　238
아프리카 대륙을 벗어난 변이 유전자　241
노예무역과 유전병의 전파　243

9장
**우유를 마시는
사람들**

모든 일에는 때가 있는 법　253
우유를 먹어야만 살 수 있었던 북유럽인들　258
유당 내성 유전자의 출현과 확산　259
강력한 기마 민족의 탄생　261
아프리카 지역의 유당 내성　263

10장
**문화의 다양성과
공진화**

치즈와 요구르트가 알려주는 것　271
개에겐 있고 늑대에겐 없는 것　274
인종 차별에 악용된 우유　276
문화적 차이와 진화　279

감사의 글 _283

진화하는
진화론

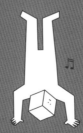

문화와 함께 진화한 유전자

우리와 가까운 침팬지나 고릴라를 비롯한 모든 동물과 달리 인간만이 고도로 발달한 다양한 문화를 지녔다. 인간은 직립보행 이후 손이 자유로워지고 뇌가 발달하면서 끊임없이 문화를 발명, 발전시켜 왔다. 변화와 발전을 거듭하며 축적된 문화는 자연이 선택 작용을 하듯이 인간 유전자를 선택하는 환경이자 선택압으로 작용했다. 이어서 생물학적으로 변화한 유전자[1]는 다시 역으로 새로운 문화를 창조하거나 기존 문화의 빠른 변화와 발전을 유도했다. 이처럼 서로 영

---

1. 생물학적으로 유전 정보를 담고 있는 DNA 부위라고 정의할 수 있다. 그러나 일반적으로 유전자를 유전 또는 생물학적 현상을 담당한다는 기능 위주로 개념화해도 크게 다르지 않다.

향을 주고받는 유전자와 문화의 상호작용이 이 책에서 전달하려는 핵심 주제이다.

우리가 사는 곳에 빙하기가 다가온다고 가정해 보자. 생명체에게는 혹독한 시련이 될 것이다. 생물들은 이 난관을 어떻게 극복할까? 인간도 동물이므로 동물들의 대응을 생각해 보자. 많은 동물이 우선 추운 곳을 벗어나기 위해 이동을 시도할 것이다. 그런데 추운 지역이 너무 넓어 동물의 이동 속도로 벗어나기 어려운 상황이라면 추위를 견딜 수 있는 동물만 살아남을 것이다. 모든 생물이 그렇듯이 동물 각각이 다 다르고 같은 종 내에서도 뭔가 하나라도 다른 여러 변이가 존재한다. 이 다양한 변이 중에서 우연히도 많은 털이나 두터운 지방 조직과 같은 단열 구조를 지닌 변이 동물이 추위를 견디고 살아남는다. 생존한 동물은 유전자를 통해 이 변이를 자손에게 전달한다. 자손들도 당연히 여러 변이가 생기는데 이 중에서 역시 추위에 견딜 수 있는 변이만 선택되어 생존하고 다시 자손을 낳을 수 있다. 변이-선택-생존-번식이 대를 이어 반복되는 것이다. 이것이 다윈이 제안한 자연선택의 작동 과정이다.

예컨대 긴 털을 지녀 시베리아의 추운 기후에서 살아갈 수 있었던 매머드를 연상하면 된다. 매머드와 코끼리는 유전적으로 친척 관계이다. 매머드와 코끼리의 공통 조상 가운데 추운 지역에서 자연선택에 적응한 종이 매머드로 진화했고 아시아와 아프리카 등 더운 지역에 적응한 종은 지금의 코끼리로 진화했다. 안타깝게도 매머드는 빙하기 이후 다시 날이 따뜻해진 기후 변화와 인간의 사냥이라는 시

문화는 유전자를 춤추게 한다

련을 견디지 못하고 멸종했다. 자연은 수능 시험처럼 관문을 한 번 통과했다고 해서 종의 영속을 보장하지 않는다. 자연의 압력은 동물들에게 끊임없이 작용하고 이 압력을 견뎌내야만 살아남아 종의 진화를 계속할 수 있다.

인간은 어떨까? 인간은 자신이 만든 문화로 자연의 압력을 이겨낼 수 있다. 사냥한 동물에게서 얻은 가죽으로 옷을 만들어 입거나 집을 짓거나 불을 피워 추위를 막는 것이다. 인간 외의 다른 생물은 몸의 구조와 기능으로 환경에 대응하지만, 인간은 자신들의 생산물, 즉 문화적 도구를 이용하여 생존한다. 인간 역시 환경에 적응하는 동안 신체 변화가 일어나고 이 유전적 변이를 후손에게 전달하지만, 인간은 생물 종 전체가 가지고 있는 이러한 적응 방식 외에도 스스로 만든 문화를 통해 자연이 부과하는 선택 압력을 피하기도 한다는 큰 차이점을 지닌다. 이런 과정이 반복되면서, 인류는 점점 문화적 도구를 잘 만들게 되었고 처음에는 간단한 도구 정도였던 문화 산물이 점점 풍부한 기능을 지닌 복잡한 생산물로 발전했다. 뿐만 아니라 인간은 이런 생산물을 만드는 방법을 후손들에게 전달하는 지식과 교육 방식도 터득했다. 그리고 교육과 생존을 위한 협력이 원활하게 이루어질 수 있는 사회적 관계와 규율, 제도도 발전시켰다. 인간이 자연에 대항하는 과정에서 만든 이 모든 것을 우리는 '문화'라고 부른다. 인간도 다른 생물처럼 자연선택에 적응하면서 살아남고 진화했지만, 문화를 만들어 자연의 위협에 효과적으로 대응해 가면서 언제부턴가 생물 종 일반에게 적용되는 과정과는 상당히 다른 진화 경로를 취하게 되었다.

침팬지는 왜 난로를 만들지 못했을까?

구체적으로 우리와 가장 가까운 친척 종인 침팬지를 살펴보면 도움이 될 것 같다. 침팬지는 대개 십여 마리 정도가 집단을 이루어 서식한다. 침팬지들의 집사 역할도 마다하지 않았던 제인 구달 박사를 비롯한 여러 연구자는 침팬지 집단에 따라 독특한 문화가 있음을 발견했다. 한 집단에 속한 침팬지들은 잘근잘근 씹어 잘 다듬어진 이파리로 흰개미가 서식하는 굴을 쑤셔 이파리에 묻어 나온 흰개미들을 별식으로 즐긴다. 몇몇 영장류 학자가 침팬지처럼 이파리를 이용해 개미를 잡으려고 시도해 보았지만, 생각보다 쉽지 않았다고 한다.

어떤 침팬지 집단은 도구를 이용해 단단한 야자열매를 깬다. 우리의 먼 구석기 조상이 석기를 사용한 것처럼, 이들도 돌을 사용한다. 적절한 크기의 판판한 돌을 고르고 이 위에 열매를 놓고 열매를 깰 수 있는 꽤 큰 돌을 골라 내리치는 것이다. 이러한 행위는 저절로 되는 일이 아니어서 침팬지들은 여러 차례 실패를 거듭하면서 동료의 행동을 모방하여 열매를 깨는 노하우를 터득한다. 이러한 과정을 거치면서 점점 도구를 이용하는 행위가 집단 내에 퍼져 나간다.

이 두 집단에서 보듯이 발견과 학습 등 꽤 사고를 요구하는 행동이 가능하다면 왜 침팬지는 인간처럼 더 정교한 도구를 만들거나

문화는 유전자를 춤추게 한다

그 이상의 문화를 발전시키지 못했을까? 그 이유는 침팬지 유전자가 수용할 수 있는 모방이나 학습의 한계가 딱 여기까지이기 때문이다. 인간이나 침팬지나 우연한 기회에 도구 사용법을 발견한 것에는 차이가 없었을지라도 그 이후 과정을 만들어 가는 면에서 두 동물의 유전자는 큰 차이를 보였다. 침팬지 유전자는 우연히 습득한 문화를 보존하고 발전시키는 쪽보다는 자연에 적응하는 일에 더 능력을 발휘하기에 적합한 것이었다. 이파리와 돌을 이용해 먹이를 얻는 능력을 발전시키기보다는 더 빨리 나무를 탈 수 있도록 팔 근육과 발톱을 발전시키는 쪽을 침팬지의 유전자는 선택했다. 처음에 인간과 침팬지의 이 차이는 아주 미세했을 것이다. 그러나 인간 유전자와 침팬지 유전자의 이 사소한 차이가 나중에 얼마나 판이한 결과를 낳았는지 지금 우리는 그 결과를 알고 있다.

도구를 우연히 발견했던 당시로 돌아가자면 침팬지 유전자의 선택이 꼭 불합리하다고만 볼 수는 없다. 돌로 나무 열매를 내리치는 사소한 발견을 지속하여 얻는 이점보다, 나무를 좀더 빨리 타고 높이 올라감으로써 얻는 이득이 훨씬 클 수 있기 때문이다. 그러나 이러한 진화의 경로에 들어선 침팬지는 오랜 시간이 흐르더라도 옷이나 집, 난로를 만드는 데까지 문화를 발전시킬 수 없다. 추위를 견디는 신체 특성의 변화를 가져올 유전적 변이를 출현시키는 것이 침팬지의 유일한 해결책이다. 그런데 인간은 나무를 잘 타는 유전자 쪽보다는 도구 사용법을 빨리 학습하는 유전자 변이를 발전시키는 방향을 택했고 그 결과 추위에 대해 침팬지와는 다른 해결책을 갖을 수 있게 되었다.

　인간과 침팬지의 이 차이를 진화의 관점에서 요약하자면 다음과 같이 말할 수 있다. 침팬지 유전자는 자연 속에서 진화를 해왔지만, 우연히 발견한 문화와 함께 진화하지는 않았다. 반면 인간의 유전자는 자연이 아닌 문화와도 함께 진화를 했다. 인간 유전자 중 특정 부분이 문화를 수용하고 발전시키는 데 더 적합했던 것이고 이렇게 발전한 문화적 조건은 다시 인간의 유전자를 더욱 문화 수용에 유리하도록 변화시킨 것이다. 이로써 인간은 여타 동물들과는 다른 경로의 진화를 거듭할 수 있었다.

　자연환경이 부여한 압력을 견디며 대를 잇는 과정에서 생물은 유전자 변화를 동반한다. 자연환경도 그렇지만, 인간에게는 많은 경우 문화의 변화와 발전도 압력으로 작용한다. 인간에게서 출현한 변이 유전자 중 문화가 제공한 환경에 적응할 수 있었던 유전자는 마치 '자연선택'처럼 선택[2]이 일어났고, 그렇지 않으면 도태되었다. 문화의 출현 이후 인간 사회는 끊임없는 자연과 문화 환경의 변화 양자 모두에 대응하고 적응하면서 진화해 왔다. 자연만이 선택의 주체가 아니라 문화 역시 변이 유전자 가운데 생존에 더 유리한 변이를 점지하여 그 후손을 늘려가는 방식으로 '선택'의 주체 역할을 한 것이다.

─── **2.** 이는 문화에 의한 인간 유전자 선택을 강조하기 위한 문장이다. '자연선택'과 대비하여 '문화선택'이라 이름을 붙일 수 있으나 논란의 여지가 있어서 문화와 유전자의 상호작용에 관한 책들은 아직은 '선택'이란 용어를 사용한다. 또는 문화를 자연의 일부로 보아 '자연선택'을 사용한다.

　　　　　　　　　　　　　　　　　文화는 유전자를 춤추게 한다

인간은 지금도 진화 중인 동물이다

유전자와 문화가 공진화한다는 이론을 떠받치는 토대 중 하나는 엄밀한 수학적 접근에 의한 가설(모델) 검증이다. 이 책에서 구체적인 방법은 언급하지 않지만, 연구자들은 다양하고 방대한 자료를 바탕으로 특정 문화와 관련된 유전자의 관계를 규명하는 수학 모델을 설정하고 증명하여 왔다.

유전자·문화 공진화론이 대두된 또 하나의 주요한 배경은, 인간 진화의 구체적 증거를 제시할 수 있는, 분자생물학의 발전이다. 분자생물학의 눈부신 발전을 토대로 방대한 양의 유전자 또는 유전체[3] 분석이 가능해지면서 인간에 관하여 얻은 정보와 지식이 계속 쌓이는 중이다. 그 중심에는 인간 유전체 프로젝트가 있다. 유전자 분석기술의 발전 속도는 눈부시다. 예를 들어, 약 20년 전에 한 사람의 유전체 분석에 1조 원 정도의 비용과 수년의 시간이 걸렸다면 지금은 비용은 100만 원대로, 분석 시간은 6시간 내외로 줄었다.

유전체 분석을 통해 얻은 주요한 소득 중 하나는 인간은 지금도 진화 중이라는 사실을 확인한 것이다. 과학적 연구 결과들이 상당히 축적되기 이전 단계의 일부 생물학자들은 약 1만 년 전에 이루어진 농업혁명 이후 인간의 진화, 즉 유전자의 변화는 거의 없을 것으로 추정하기도 했다. 그들이 이렇게 생각했던 이유는 두 가지였다. 우선

---

3. 모든 유전자와 유전 관련 정보를 합쳐 유전체(genome)라 한다.

인류 종이 출현한 500만 년이라는 긴 시간에 비하면 최근 1만 년은 너무도 짧아서 유전자 변화를 일으키기에 충분하지 않은 시간이라고 본 것이다. 또 한편으로는 농업혁명 이후 인류 문화가 상당히 고도화되고 인간이 자연의 굴레에서 거의 벗어났기에 더 이상 자연선택을 적용받지 않는다고 생각한 경향도 있었다. 인간이 자연에서 벗어났으니 자연선택의 압력도 사라졌을 거라는 추정이다. 그러나 인간 유전체 분석은 이 두 가지 생각이 모두 근거 없음을 밝혀냈다.

연구 결과 과학자들은 지난 5만 년간 유럽에서만 적응에 유리한 인류의 새 돌연변이가 3,000개 정도 출현했다고 밝혔다. 인류 종 중에서 현생 인류, 즉 호모 사피엔스는 20만 년 전에 등장했다. 호모 사피엔스의 유전자 수가 약 2만 1,000개임을 고려하면 현생 인류 출현 이후, 최근 1/4에 해당하는 비교적 짧은 기간에, 유전자 7개당 하나꼴로 돌연변이가 발생한 것이다. 결코 무시할 수 없는 정도의 빠르고 많은 변화이다. 여러 인종의 미국인 120만 명의 유전체 데이터를 분석한 연구는 최근의 자연선택이 유전체의 10%에 영향을 미쳤고 그 결과 지난 5만 년 동안 많은 유전자 변이체가 선택되었을 것으로 추론했다.

결국 인류는 다른 동물과 똑같이 자연 속에서 생활하던 수백만 년 동안 자연선택을 거치며 유전자 변화가 일어났음은 물론이고 동물들과 확연히 구분되는 문화를 만들기 시작한 이후에도 여전히 유전자 변화가 지속된 것이다.

대부분 인류가 순수한 자연 상태에서 벗어나 마을과 촌락을 이

문화는 유전자를 춤추게 한다

루고 인위적으로 개간한 논과 밭에서 농경을 하면서 살게 된 농업혁명은 유전자 변화의 중단이 아니라 오히려 폭발을 가져왔다. 농업으로 인해 인구가 대폭 늘어났고 그만큼 유전자 풀이 확대된 것이다. 사람이 많아지면 그에 비례하여 많은 수의 유전자 변이가 출현하게 되고 이 중에는 인간의 생존과 번식에 유리한 돌연변이도 포함된다. 이 유리한 돌연변이는 선택되어 인류 집단에 퍼지게 된다.

인류가 지금도 진화 중이라는 사실을 이해하는 것은 유전자·문화 공진화론의 핵심 아이디어에 접근하는 첩경이다. 자연에서 벗어났으니 '자연선택'에서 벗어나는 것이 아니라 인간 스스로 만든 문화적 환경 역시 선택압으로 작용해 계속적인 유전적 변이와 진화를 촉진한다는 개념을 이해하는 실마리이기 때문이다.

인간의 진화가 지금도 진행 중이라는 말은 현재의 인간이 인류 진화의 최종 단계도 아니고 완성형도 아님을 뜻한다. 문화를 탄생시킨 이후 인간의 진화 과정에서 문화의 영향력은 항상 존재했었고 앞으로 더욱 영향력이 커질 것이다.

진화하는 진화론

200년이 채 안 되는 진화론의 역사 속에서 유전자·문화 공진화론은 어떤 배경을 가지고 대두된 것일까? 이를 이해하기 위해서 진화론 자체의 전개 과정을 살펴볼 필요가 있다.

1859년 출판된 다윈의 『종의 기원』은 당시 사람들의 세계관을 크게 흔들었다. 지금은 누구나 알고 있지만, 이 책에서 다윈은 지구 나이가 6,000년보다 훨씬 많고 이 오랜 기간에 지질이 서서히 변하듯이 생물도 변화한다고 주장하였다. 이 주장은 우선 기독교에서 당연시했던 천지창조가 일어난 시간을 부정했다. 게다가 다윈은 생물은 고정되어 있지 않고 새로운 종이 출현하거나 멸종한다는 증거를 제공하여 생물은 조물주에 의한 창조물이 아니라 자연의 일부라는 아이디어도 확고히 했다.

『종의 기원』은 당시 사람들이 생명에 대한 사고를 바꾸도록 만들었는데 결국, 유럽의 전통적인 기독교 이데올로기에 커다란 변화를 요구한 셈이다. 이후 이 책은 영향력을 발휘하여 '진화'를 생물학의 모든 분야에서 가장 기본적인 주제로 자리 잡게 하였다. 최근에 크게 발달한 분야도 예외는 아니어서 발생학, 분자생물학, 유전체학 등은 물론 후성유전학 등에서도 '진화'는 움직일 수 없는 중심 주제로 자리 잡았다. 그런데 '진화'는 무엇일까?

진화는 간단히 말해 생물이 변한다는 아이디어이다. 이 아이디어는 오래전부터 언급되었었다. 그리스의 철학자 아낙시만드로스는 사람이 어류로부터 유래하였다고 주장했다. 이 주장에 따르면, 수생동물로부터 육상동물이 유래했고 인간은 그 후손이다. 또 다른 그리스 철학자인 엠페도클레스는 생물은 4원소로 이루어졌는데 처음에는 완성되지 못한 모습을 띠다가 우연히 변화가 일어나 점점 현재의 동식물과 비슷한 완성된 구조를 갖게 된다고 하였다.

문화는 유전자를 춤추게 한다

그러나 그리스에서 생물에 관한 사람들의 사고에 단연 압도적 영향력을 끼친 철학자들은 플라톤과 아리스토텔레스이다. 플라톤은 다양한 생물의 궁극적 본질이 있음을 주장하여 변화를 강조하는 진화론 발전에 가장 큰 장벽으로 기능하였다. 아리스토텔레스는 생물의 목적론을 주장하였는데 이에 따르면, 생물이 나타내는 수많은 생명현상이 우연히 자연 속에서 생겨난다는 주장은 설 자리가 없다. 아리스토텔레스는 이렇게 출현한 여러 생물 종류는 자연의 사다리scala naturae 속에서 가장 낮은 수준의 동물인 뱀부터 사고를 하는 높은 수준의 사람에 이르기까지 존재한다고 제안하였다.

유럽에서 기독교는 이 '사다리'를 환영해 마지않아 '존재의 대사슬Great Chain of Being'이라는 개념으로 체계화하였다. 이 개념의 핵심은 무생물로부터 복잡한 동물로 이어지는 연속체 속에 생물들이 존재하는데 각 사슬은 특정 존재나 종의 하나를 의미하며 이 전체의 연결 사슬이 완전한 상태로 설계되고 창조되었다는 점이다.

18세기에 들어 생물이 변화한다는 주장은 여기저기서 분출되었다. 예를 들어, 프랑스의 박물학자이자 자연학자인 조르주 뷔퐁은 생물이 변할 수 있다고 생각하였는데, 그는 말과 당나귀를 관찰하여 이 둘이 공통 조상에서 유래했을 것이라고 주장하였다. 조물주에 의한 생물 창조를 굳게 믿은 프랑스의 고생물학자 조르주 퀴비에는 화석 관찰 결과, 어쩔 수 없이 생물이 멸종한다는 증거를 보여주었다. 영국의 제임스 허턴과 찰스 라이엘 등 지질학자들은 지질이 변한다는 증거를 제시하여 생물이 변화한다는 생각에 길을 열어주었다.

프랑스의 동물학자 라마르크는 진화론의 선구자이다. 그는 '존재의 대사슬'이 움직인다고 보았다. 이 동물학자는 '대사슬'에 배열된 생물들이 하등에서 고등의 방향으로 순서대로 변화한다고 보았다. 라마르크 진화론은 '생물은 변화한다.', '생물은 환경과 상호 작용한다.', '진화는 물질적 과정이다.', '획득형질은 유전한다.' 등의 주제를 포함한다. 당시 생물학자와 지질학자들의 많은 논란이 뒤따름에도 불구하고 라마르크의 이러한 견해는 다윈에게 영향을 미쳤다. 생명체가 생존 중에 환경에 대응하여 변화한 형질, 즉 획득형질이 유전한다는 주장은 현대 생물학에서 재조명되고 있다. 이를 후성유전학적 변화라 하는데, 영양 상태, 환경 물질, 포식자 스트레스 등에 의해 생명체의 생애 동안에 생긴 특징이 여러 세대에 걸쳐 전달될 수 있다. 인간의 경우, 제2차 세계대전에 기근을 겪는 동안 임신한 네덜란드 여성들의 자손이 적어도 2대를 이어 체중이 감소하고 당뇨와 심장 이상 증상을 나타낸 현상이 많이 연구되었다.

현대 진화론의 기초를 세운 사람은 찰스 다윈이다. 다윈은 이미 열거한 프랑스와 영국의 여러 선배 학자로부터 영향을 받았다. 다윈은 불굴의 의지로 증거를 수집하고 연구를 진척시켰다. 각고의 노력으로 구축해 온 자신만의 진화 아이디어를 다윈은 잘 정리했지만, 출판을 주저하고 있었다. 그러던 중 월리스라는 신예 생물학자가 자연선택을 통해 생물이 진화한다는 아이디어를 표명하였고 이에 자극을 받은 다윈은 묵혀두었던 원고를 서둘러 정리하여 『종의 기원』을 출판하였다. 이 책의 핵심 중 하나는 변형 혈통decent with modification

문화는 유전자를 춤추게 한다

이라는 개념으로 진화의 양상을 나타낸다. 이 개념에 따르면, 자손은 부모와 비슷하지만 약간 다른 특징을 지니는데 이런 대물림이 여러 세대를 거쳐 오랜 시간 진행되면 약간의 다름이 축적되어 조상과는 완전히 다른 자손이 출현한다. 두 번째는 맬서스의 『인구론』과 인위선택으로부터 영감을 얻은 자연선택설이다. 이 이론은 생물이 지닌 여러 변이 중 자연환경을 극복한 변이만이 생존하여 자손을 얻게 된다는 것이다. 그러니까 다윈은 진화 양상을 개관하고 어떻게 진화가 일어나는지를 제시한, 그야말로, 진화론의 창시자이다.

하버드대학교의 진화학 교수인 마이어는 방대한 내용을 담고 있는 『종의 기원』을 다섯 가지의 주요 이론[4]으로 정리할 수 있다고 주장했다. 그 다섯 가지 이론이란 생물들은 진화한다는 '진화론' 그 자체, 모든 생물은 공통 조상에서 유래했다는 '공통 조상 이론', 생물들은 점진적으로 변화한다는 '점진주의', 생물 종은 계속 생겨나며 증가한다는 '종 분화 이론', 진화는 자연선택을 통해 일어난다는 '자연선택설' 등이다.[5] 결론적으로, 『종의 기원』이 지닌 가치는 진화가 움직일 수 없는 사실임을 치밀하게 논증했고 그 메커니즘으로 자연선택을 제안했다는 점에 있다.

---

4. 여기서 이론(theory)이란, 과학적 이론을 의미한다. 과학적 이론은 수많은 가설 검증을 통해 설명의 범위가 크게 늘어난 명제이다. 따라서 웬만한 검증으로는 논박하기 어렵다.

5. 마이어는 이 다섯 가지 이론을 패러다임의 반열에 올려 현대 과학에서 차지하는 중요성을 강조하기도 하였다.

그러나 『종의 기원』 출판 이후에도 자연선택설은 광범위하게 받아들여지지 않았고 자연선택의 재료인 다양한 변이가 어떻게 생기는지에 관한 대답이 필요했다. 또 진화는 특정 목표를 향해 일어난다는 주장이 다시 등장했고 자연선택 대신 돌연변이만으로 새로운 종의 출현이 가능하다는 주장도 고개를 내밀었다. 게다가 라마르크의 획득형질이 진화의 원인이라는 주장은 계속 세를 얻고 있었다.

유전학자를 비롯한 생물학자들은 멘델의 유전법칙이 지닌 중요성과 돌연변이의 의미에 주목하면서 다양한 변이가 어떻게 유래하는지를 규명하였다. 개체군 유전학의 수학적 접근은 돌연변이와 자연선택으로 인해 생물의 적응이 일어남을 보여주었다. 또 꼬리를 자른 쥐들의 자손이 꼬리를 지닌 채 태어남을 보여준 연구는 획득형질 유전에 의한 진화가 옳지 않음을 나타냈다. 이와 같은 성과들을 바탕으로 분류학자, 진화학자, 식물학자, 고생물학자, 유전학자 등 일단의 과학자들은 진화적 종합설 또는 신다윈주의를 주장하게 되었다. 유전자의 존재와 유전 양상, 획득형질 유전의 부재, 화석기록의 불완전성, 개체군 수준에서 일어나는 소진화, 돌연변이에 의한 변이 생성, 유전적 부동과 흐름 등 우연에 의한 진화, 자연선택에 의한 적응, 종 분화 메커니즘, 종 분화 수준 이상의 대진화 등 여러 이론이 이 종합설을 이룬다.

이후 약간의 논란과 수정은 계속 있었지만, 현대에 이르기까지 생물학에서 진화론은 이 종합설이 포괄하는 여러 이론을 근거로 한다. 〈종의 기원〉에서 다윈이 제시한 생물 진화의 다섯 가지 핵심 아이디어가 현대에 와서도 여전히 유효하다는 점은 다윈의 탁월함을 입증한다. 그러면서도 현대의 진화론은 〈종의 기원〉 단계에만 머무르지 않고 후대 학자들의 세분화한 연구를 통해 점점 저변을 넓히고 각 아이디어의 구체적인 발현 양태와 메커니즘, 원인 등을 확인해 가면서 발전해 가고 있다는 점이 중요하다. 즉 진화론은 고정불변이 아니라 지금도 진화하고 있는 이론이다. 유전자·문화 공진화론 역시 진화론의 저변 확장, 구체화, 정밀화 과정에서 나온 이론 가운데 하나이다.

인간에 관한 오해와 이해

다윈은 『종의 기원』에서는 인간 진화에 관하여 언급하지 않았다. 다윈은 이후 출판한 『인간의 유래와 성선택』에서야 인간에 관한 자신의 견해를 밝혔다. 이 책에서 다윈은 자손 양육, 지적 능력, 성선택 등의 특징을 다른 동물과 비교하면서 인간도 동물의 일종이고 자연선택에 의한 진화의 대상이라는 점에서 예외가 아니라고 결론을 내렸다. 또한, 다윈은 인간이 생존을 위한 이기적 특성은 물론 이타성을 지닌다는 점을 인정했지만 어떻게 이타성이 출현했는지에 대해서는 분명한 답을 제시하지 못하였다.

다윈은 『종의 기원』에서 독자의 이해에 도움이 된다는 허버트 스펜서의 권유에 따라 '적자생존'이라는 용어를 사용해서 진화 양상을 설명하였다. 초판에는 없었던 이 용어가 제5판부터 사용되었다. 이후 많은 사회주의자, 무정부주의자, 파시스트들이 자신의 가치관을 형성하고 주장을 내세울 때 이 용어를 주요한 근거로 활용하였다. 예컨대 『자본론』의 저자인 마르크스가 다윈의 업적을 크게 예찬한 것은 매우 잘 알려진 사실이다. 동시에 적자생존이라는 아이디어는 앤드루 카네기처럼 경쟁을 강조하는 자본주의 이데올로기에 재료로 활용되기도 하였다. 사회학자인 스펜서는 사회학, 정치학, 인류학 등에 관심을 나타내고 왕성하게 출판과 저술 활동을 하였는데 눈여겨볼 점은 이 학자가 '적자생존'을 인간에게 적용했다는 점이다. 그런데 그 과정에서 지나친 비약이 이루어졌다. 자연환경이 제공한 압력을 어떻게든 견딘 생물이 생존하여 자손을 남긴다는 자연선택 개념을 스펜서는 '최고 능력자the fittest의 생존survival'으로 탈바꿈한 것이다. 그는 이 개념을 인간에게 적용해 사회에 더 적합해지도록 인류를 진보시킬 수 있다고 생각하였고 그 결과, 강하고 우수한 인간으로 구성된 사회를 만들 수 있다는 '사회유기체설' 또는 사회진화론(사회적 다원주의)을 주장하는 데까지 이르렀다. 사회진화론은 프란시스 골턴 등 여러 학자가 우생학을 주장하는 근거가 되었고 실제로 미국을 포함한 서유럽 여러 국가에서 이 주장에 근거하여 사람을 차별하기도 하였다. 심지어 대량 학살을 자행한 나치의 끔찍한 인종 차별에 오용되기도 했다. 이렇게 되면서 다윈의 진화론은 오명을 뒤집어썼다.

인류는 사회진화론이 초래한 끔찍한 결과에 질렸다. 그래서 다수의 학자를 포함하여 사람들은 선천성 대 후천성의 선택에서 후천

문화는 유전자를 춤추게 한다

성의 손을 들어주게 되었다. 심리학과 인류학에서 이러한 경향은 뚜렷하게 나타났다.[6] 다만, 많은 사람의 생각이 어떤 쪽에 있든 실재하는 것을 부정할 수는 없었다. 예를 들어, 노엄 촘스키는 인간은 '언어 습득 장치'를 지닌 채 태어난다고 주장하였다. 그리고 새롭게 등장한 동물행동학은 많은 연구 결과를 바탕으로 후천성을 대표하는 학습조차도 진화된 능력이고 본능과 학습은 모두 중요하며 상호배타적이지 않다는 사실을 상당히 규명해냈다. 동물행동학의 이러한 주장은 인간을 대상으로 한 연구에서도 적용되었다.

후배 진화학자들이 다윈이 남긴 과제인 이타성을 규명하면서 인간에 관한 진화론적 사고는 더 중요한 비중으로 다뤄지기 시작하였다. 영국의 천재 생물학자 윌리엄 해밀턴은 인간의 이타성을 혈연선택 또는 친족선택의 관점으로 규명하였다. 크게 본다면 자신과 비슷한 유전자를 남긴다는 점에서 혈연선택의 이타적 행동은 이기적이라고 간주할 수 있다. 미국의 생물학자 로버트 트리버스는 상호이타성을 제안하였다. 이 이론에서 트리버스는 반복적인 접촉이 이루어지는 집단에서 구성원들은 서로에게 도움을 주고받는 방향으로 변화한다고 주장하였다.

인간의 생물학적 특징과 진화를 설명하기 위한 연구는 더 발전하여 '인간 사회생물학'의 탄생에 이르렀다. 에드워드 윌슨은 『사회

---

6. 행동주의를 주장한 존 왓슨, 인류학에서 문화의 전적인 역할을 강조한 프란츠 보아스, 마가렛 미드, 루스 베네딕트 등이 해당한다.

생물학』에서 유전자 관점, 혈연선택, 상호이타성 등의 주요 개념을 활용하여 동물행동학과 차별화를 시도하였다. 여기에서 더 나아가 윌슨은 유전자와 문화의 관계를 설명하기 위한 수학 모델을 개발하여 인간을 진화적으로 설명할 수 있는 더 풍부한 수단이 있음을 보여주었다. 이로써 그는 문화에 대한 유전자의 영향력을 강조하는 인간 사회생물학의 창시자가 되었다. 인간 사회생물학은 이후 등장한 인간 관련 학문이나 이론에 주요한 아이디어를 제공하였다. 그 결과, 진화심리학, 인간행동생태학, 유전자·문화 공진화론 등이 등장하였다. 에드워드 윌슨에서 파급된 이들 학문적 갈래의 개요나 차이점을 살피면 다음과 같다.

진화심리학은 생태학과 진화의 관점에서 (일부 동물을 포함하여) 인간의 심리를 바라본다. 진화심리학의 많은 연구는 인류의 출현 이후 대부분 시간에 해당하는 수렵채집 시기에 적응된 심리 기제를 더 강조한다. 심리 기제를 진화의 산물로 간주하므로, 진화심리학은 인간이 지닌 공통적인 특징에 주목한다. 예를 들어, 근친상간 회피, 사기꾼 탐지, 짝짓기 전략, 공간 인지 등 모든 인류에게서 발견되는 특징을 연구 대상으로 한다. 또 진화심리학은 유전자와 환경이라는 두 요소가 기본적인 인간성 형성에 관여한다고 간주한다.

인간행동생태학은 인간은 최대한 자손을 얻는 데에 행동이 최적화되어 있다고 간주한다. 이 이유는 인간은 적응해 오는 과정에서 고도의 유연성을 지니게 되어 다양한 환경 변화에 적절하게 대응하는 행동이 가능하다는 가정에 있다. 이러한 시각에 근거하여 인간행

　　　　　　　　　문화는 유전자를 춤추게 한다

동생태학은 폐경의 진화, 노화, 자손의 성에 따른 부모의 양육 투자 차이, 생태 환경에 따른 짝짓기 체계 등을 연구한다. 다만, 이 접근법은 진화심리학과 달리, 심리보다는 행동에 주목하여 인간을 이해하려 한다.

이처럼 서로 가장 중시하는 연구 수준이 '심리' 또는 '행동'인지에 따라 상대를 비판하지만, 이 두 학문은 인간 사회생물학을 기반으로 출현하고 발전한 영향으로 환경과 유전자의 역할 모두를 중요하게 본다.

유전자·문화 공진화론은 인간의 '환경'에서 문화가 매우 큰 비중을 차지한다는 점을 강조한다. 생물이 존립하는 '환경'은 인간 이전 단계에는 '자연'과 동일시해도 아무 문제가 없었다. 그런데 인간이 다른 동물들과 확연히 구분되는 '문화'를 만들고 나서부터는 문제가 복잡해진다. 인간도 환경의 지배를 받는 동물이지만 그렇다고 해서 자연 상태 그대로에 노출되어 살아가는 존재가 아니다. 따라서 문화가 발달할수록 인간은 문화라는 자신들의 산물로부터 영향을 점점 더 크게 받게 된다. 앞의 두 이론이 이 점을 배제하는 것은 아니지만, 유전자·문화 공진화론은 이렇게 문화에 더 강조점을 둠과 동시에 유전자의 중요성도 고려한다. 그래서 이 두 요소의 진화와 상호작용이 어떻게 일어나는지에 주목한다. 유전자와 문화가 공진화한다는 생각은 진화심리학과 인간 사회생물학의 성과를 비판적으로 이어받으려는 시도인 셈이다. 결과적으로 이러한 연구들로 인하여 다윈이 어렴풋하게 제시했던 인간 진화에 관한 아이디어가 한결 풍부하게 발전하게 되었다.

동물에게도 문화가 있을까?

인간 진화에 관한 논의에서 문화가 지닌 임팩트는 그야말로 엄청나다. 여기서 '문화'는 어떻게 정의할 수 있을까. 고고학, 인류학, 사회학, 생물학, 심리학, 종교 등 여러 분야에서 정의하는 '문화'가 각각 다르다. 심지어는 사전마다 '문화'에 대한 설명이 다르고 사람마다 '문화'에 관한 각자의 개념이 다양하니, 어쩌면 인구만큼이나 다양한 '문화'가 있는 것 같기도 하다. 포괄적인 정의를 시도한 문화인류학자 에드워드 타일러는 "사회 구성원으로서 인간이 습득하는 지식, 믿음, 예술, 도덕, 법, 관습, 그 밖의 역량과 습관을 모두 포함하는 총체적인 무엇"이라고 정의한다. 즉 문화는 인위적으로 만든 생산물은 물론이고, 사상, 언어, 종교, 관습, 법이나 도덕 등의 규범, 가치와 신념, 예술, 기술과 같은 것들을 포괄하는 "사회 전반의 생활 양식"을 뜻한다고 할 수 있다. 이 책에서 특별한 수식어를 붙이지 않고 문화란 말을 사용할 경우 이와 동일한 의미이다. 이러한 문화는 사회적 집단 내에 공유되며 세대 간에 전달되고 항상 변화한다. 문화는 생활 양식과 관련이 있고 사회 집단의 특성과 정체성을 형성하고 사람들의 행동, 생각, 믿음, 가치관, 예술 등 모든 측면에 영향을 미친다.

생물학의 성과를 고려하면, 문화는 인간 사회에만이 아닌 동물에게도 발견되는지도 논쟁의 대상이다. 잠비아의 한 암컷 침팬지는 어느 날 튼튼하고 빨대처럼 생긴 잎을 귀에 꽂고 여기저기 돌아다니며 활동했다. 연구자들의 관찰 결과, 1년이 지난 후, 이 집단 구성원 12마리 중 8마리가 한 이 독특한 행동을 모방하는 것이 관측되었다. 또 이웃 세 집단의 82마리에게서도 이 행동은 발견되었다. 이로써 연구자들은 침팬지들이 다른 침팬지의 행동을 따라 했음을 알게 되었다. 이 행동을 시작한 암컷 침팬지는 어쩌면 최초의 침팬지 패션 리더일 것이다.

침팬지는 영역을 지키기 위해 집단을 형성하고 침입자를 공격한다. 또 권력을 잡기 위해 동맹을 맺기도 하며 사냥을 위해 협동하고 소통하기도 한다. 더 나아가 침팬지는 인간처럼 도구도 만들어 사용한다. 앞에서 언급한 대로, 어떤 집단은 돌을 골라 견과를 깨고 다른 집단은 잎사귀를 잘근잘근 씹어서 흰개미를 낚는다. 도구 사용은 유인원, 원숭이, 코끼리, 해달, 몽구스, 돌고래, 어치, 까마귀 그리고 두족류, 파충류, 어류 등 여러 동물에서 발견된다. 이러한 사실로 동물에게도 문화가 있다고 할 수 있을까? 집단의 특성이 변화하고 일종의 노하우가 구성원들 사이에 전파된 점은 문화의 특징이라고 할 수 있다.

이와 관련하여, 논란의 여지가 있지만, 미국의 영장류학자이자 동물행동학자인 프란스 드 발은 문화의 범위를 넓혀 '유전이 아닌 방식으로 전달되는 행동과 사고방식'으로 정의한다. 이 정의에 따르면 앞에 살펴본 여러 사례들은 인간 외의 동물에게도 문화가 폭넓게 존재한다는 것을 보여준다. 필자는 인간만이 아니라 동물에게도 문화가 있다는 생각에 동조한다. 다만 인간 외의 생물 종에서 문화와 유전자의 공진화에 관한 논의와 연구는 아직 매우 초보적인 단계이다.

이 책에서 논의하는 문화와 유전자

이 책은 본문의 10개 장에서 각각 다른 문화 영역을 다룬다. 교과서적인 전개라면 진화의 가장 오랜 역사부터 시대순으로 장을 전개하는 것이 일반적이겠지만 이 책에서는 서두에 언급했듯이 당면한 K문화 현상에서부터 출발한다. 먼저 1장에서는 K팝을 재료로 하여 춤이라는 문화예술 행위가 인류 진화에서 담당한 역할을 살펴본다. 책의 출발이 된 '한국인에게는 특별히 가무에 능한 유전자가 있는가'라는 질문에 관한 고찰이기도 하다. 2장에서는 인류의 음식 문화를 살펴보았다. 모든 동물이 음식을 섭취해 살아가지만, 인간은 고유의 식문화를 만들었다. 이 음식 문화가 인간 유전자에는 어떤 변화를 주었는지 논의한다. 또 K푸드나 한국의 음식 문화가 갖고 있는 보편성과 독자성에 대해서도 살펴본다. 3장에서는 인간만이 지닌 공정성의 진화를 여러 이론에 비추어 살펴봄으로써 인간의 이타성을 들여다보고자 하였다. K드라마가 인간의 문화적 속성의 어느 부분을 잘 다루고 있는지도 언급한다.

4장과 5장에서는 인간만의 성적 매력과 가족 제도라는 문화를 다룬다. 동물 일반의 짝짓기와 다른 인간의 성 문화가 진화에 미친 영향을 이해하기 위해서이다. 여기에서는 또 모든 문화가 다 진화에 유리하게 작용하는 것은 아니며, 변이 유전자들 가운데 '선택'되지 않는 유전자가 사라지듯이, 공진화 과정에서 결국 사라지는 문화도 존재함을 확인할 수 있다. 6장에서는 인간의 두뇌 용적이 커지고 지금처럼 스마트한 동물로 진화해 온 과정이 불을 이용한 조리, 도구의 사용, 사회성 증가 등 여러 인간 문화와 어떤 상관성이 있는지를 검토한다.

유전자·문화 공진화론의 특징 중 하나는 문화가 지니는 진화적 영향을 유전자의 변화 수준까지 세부적으로 연구한다는 점이다. 생물학적 진화의 지표는 유전자 변화이다. 그래서 이 책에서는 각 장에서 주제와 관련된 유전자 연구 성과를 담아내려고 노력하였다. 특히 책의 후반부 4개의 장은 주로 농업혁명 이후 유전적 변화가 두드러지게 나타남으로써 유전자·문화 공진화론의 구체적 근거를 확인할 수 있는 내용을 담았다. 7장에서는 구체적으로 농업이라는 인류의 삶의 방식에서 가장 큰 변화를 유발한 농업 문화의 의미와 이로 인한 인류의 변화를, 농업혁명 이후 생긴 질병에 대한 대응과 유전적 변화는 8장에서 살펴보았다. 9장은 목축 문화가 초래한 변화 가운데 우유를 소화하는 능력에 관한 내용이다. 10장은 인류의 다기한 삶의 방식이 만든 문화의 다양성이 진화에 어떤 기능을 하는지 살펴보기 위한 글이다.

유전자와 문화의 공진화 관계를 알게 되면 한 단계 더 나아가 현재 인류가 만든 문화가 앞으로 인간의 진화에 어떤 방향성을 부여할 것인지, '인류의 미래'에 대한 여러 시사점도 그려볼 수 있을 것이다. 독자들이 책을 읽으면서 그 미래를 함께 생각해 볼 수 있다면 지은이로서 더할 나위 없는 보람이다.

참고문헌

니콜라스 데이비스, 존 크렙스, 스튜어트 웨스트 (2014) 행동생태학, 4판, 김창회 등 역, 자연과생태.

데이비드 버스 (2012) 진화심리학, 4판, 이충호 역, 웅진지식하우스.

로버트 M 새폴스키 (2017) 행동, 김명남 역, 문학동네.

리차드 프럼 (2017) 아름다움의 진화, 양병찬 역, 동아시아.

마를린 주크 (2014) 섹스, 다이어트 그리고 아파트 원시인, 김홍표 역, ㈜위즈덤하우스 미디어그룹.

에드워드 라슨 (2004) 진화의 역사, 이충 역, 을유문화사.

에드워드 윌슨 (2012) 지구의 정복자, 이한음 역, 사이언스북스.

에드워드 타일러 (1871) 원시문화, 유기쁨 역, 아카넷.

에른스트 마이어 (2005) 생물의 고유성은 어디에 있는가?, 박정희 역, 철학과 현실사.

에른스트 마이어 (2001) 진화란 무엇인가, 임지원 역, 사이언스북스.

장연규 (2023) 유전자 스위치, 히포크라테스.

제리 코인 (2009) 지울 수 없는 흔적, 김명남 역, 을유문화사.

제임스 왓슨 (2017) DNA 유전자 혁명 이야기, 이한음 역, 까치.

케빈 랠런드, 길리언 브라운 (2011) 센스 앤 넌센스, 양병찬 역, 동아시아.

피터 보울러 (1990) 찰스 다윈, 한국동물학회 역, 전파과학사.

Björklund M (2019) "Lamarck, the Father of Evolutionary Ecology?" *Trends in Ecology and Evolution* 34(10): 874–875.

Futuyma DJ, Kirkpatrick M (2018) Evolution, International 4th Ed. Oxford University Press.

Hamilton WD (1964) The Genetical Evolution of Social Behaviour. *Journal of Theoretical Biology* 7 (1): 1–16.

Hawks J, Wang ET, Cochran GM, Harpending HC, Moyzis RK (2007) Recent acceleration of human adaptive evolution. *Proceedings of the National Academy of Sciences USA* 104(52), 20753–20758.

Jary D, Jary J (1991) The HarperCollins Dictionary of Sociology, HarperCollins.

Mathieson I, Lazaridis I, ..., Reich D (2015) Genome-wide patterns of selection in 230 ancient Eurasians. *Nature* 528: 499–503.

Trivers RL (1971) The evolution of reciprocal altruism. *Quarterly Review of Biology* 46: 35–57.

Van Leeuwen, Cronin KA, Haun DB (2014) A group-specific arbitrary tradition in chimpanzees (*Pan troglodytes*). *Animal Cognition* 17: 1421–1425.

Williamson SH, Hubisz MJ, Clark AG, Payseur BA, Bustamante CD, Nielsen R. (2007) Localizing recent adaptive evolution in the human genome. *PLoS Genetics* 3(6): e90.

Winterhalder B, Smith EA (2000) Analyzing adaptive strategies: Human behavioral ecology at twenty-five. *Evolutionary anthropology* 9: 51–72.

1장

K팝 유전자를
찾아라

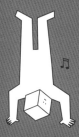

왜 세계가 함께 춤을 추는가?

　K팝이 전 세계를 들썩이게 만들고 있다. 미국과 유럽 여러 지역의 수만 명을 수용하는 대형 스타디움에 다양한 나라에서 온 수많은 관객이 모여 한국어 가사 노래를 떼창한다. 이들은 형형색색의 야광 응원봉을 흔들고 신나게 리듬에 맞춰 춤도 춘다. 음악에 관해서는 일반인의 평균적인 상식 정도를 지녔을 뿐인 내가 K팝 인기 비결을 음악적으로 풀어낼 능력은 없다. 하지만 'K팝의 이러한 인기는 인류가 지닌 어떤 진화 코드를 건드리기 때문'이라는 생물학적, 진화적 설명은 해볼 수 있을 것 같다.

　인류는 오랫동안 대를 이어 모방과 재현, 사회적 일체성, 성적 매력 표현 등에 노래와 춤이라는 문화예술을 적극 활용해 왔으며 이런 문화는 유전자의 변화에도 영향을 주었다. 우리는 노래와 춤이라는 예술문화 활동과 함께 진화해 온 인류의 후손이기 때문이다.

음악, 드라마, 음식, 게임, 뷰티 등 우리 것이 세계적으로 주목받는 가운데 가장 큰 파급력을 과시하는 K컬처[7]의 선봉장은 누가 뭐래도 K팝이다. K팝은 이미 알려진 여러 대중음악 중 서구 음악 장르인 힙합, R&B, 록, 일렉트로닉 등 여러 장르의 특징이 섞여 어우러진 음악이다. 이렇게 탄생한 음악은 세계적으로 보편적인 감성을 띠면서도 당연히 한국 고유의 정서도 나타낸다. K팝이 꽤 괜찮은 음악이라는 평가를 받는 데에는 분명 이러한 장르 융합적 성격도 중요한 요인으로 작용했을 것이다. 사람들은 다른 문화를 접할 때 너무 낯설면 거부감을 느낀다. 반대로 지나치게 익숙할 경우 신선함이 없어 역시 주목하지 않는다. 전 세계적으로 K팝 팬덤은 약 2억 명 이상으로 추정된다고 한다. K팝이 이렇게 널리 사랑받는 데는 장르의 결합 외에도 또 다른 중요한 이유가 있다. 바로 춤이다.

K팝의 매우 뚜렷한 특징 중 하나가 친숙한 멜로디와 리듬에 결합한 춤이다. 대중음악은 유튜브 등 매체를 통해 '듣는 노래'에서 영상으로 '보는 노래'로 빠르게 전환하였고 K팝이 선보이는 화려한 춤과 무대장치, 디지털 효과 등 총체적 퍼포먼스가 선사하는 비주얼 충격은 K팝의 글로벌 확산에 큰 기여를 했다. 이 현란한 퍼포먼스에서

---

7. 문화 부문 앞에 'K'가 붙은 용어는 세계적으로 환영하는 우리나라의 문화예술을 일컫는 신조어로 요즈음 더 익숙하다. 따라서 '한류'라고 지칭할 수 있지만 이 용어를 사용하였다.

도 역시 중심은 단연 춤이다. K팝에서 안무는 노래를 보완하는 역할 이상의 큰 비중을 차지한다. K팝의 춤이 특정 문화권만이 아닌 세계 대부분의 나라에서 잘 통하는 이유는 무엇일까?

모방은 생존의 기본 요소

사람은 누구나 춤을 관람하거나 따라 추면서 즐거움을 느낀다. 설령 춤이라고는 춰 본 적이 없는 몸치라 하더라도 다르지 않다. K 팝 퍼포먼스에 팬들이 열광하는 이유 중 하나는 무엇보다 춤 자체가 주는 즐거움에서 찾을 수 있다. K팝에 종사하는 전문가들은 창작의 고통을 인내하면서 안무를 고안한다. BTS, 블랙핑크, 스트레이키즈, 뉴진스, 아이브, 에스파 등의 멤버들은 노래에 딱 맞게 고안된 안무를 엄청난 노력으로 소화하여 세련된 춤 동작을 선보인다. 대부분의 K팝 퍼포먼스에는 매력적인 춤사위나 따라 하기 쉬운 동작, 이른바 '포인트 안무' 등 사람들의 주의와 마음을 끄는 요소가 들어 있다. 포인트 안무는 노래의 훅 부분에서 선보이는 안무로 인상적이면서도 따라 하기 쉬운 동작을 포함한다. 많은 경우, 이 안무는 구체적으로 가사 내용에 따라 만들어진다.

인기 많은 노래에서, 포인트 안무는 결정적인 역할을 한다. 현재 유튜브 조회수 54억이 넘는 싸이의 〈강남스타일〉에서 말춤이 대표적 예이다. 잘 준비된 이러한 동작을 직접 따라 해보는 경험은 그냥 리듬에 맡긴 채 되는 대로 몸을 움직이는, 즉 '필이 꽂히는 대로 추는 춤'과는 또 다른 차원의 즐거움을 준다.

우리는 왜 춤을 즐거워하는 걸까? 그 근거는 무엇일까? 그냥 노래 부르고 춤추는 즐거움을 느끼는 것에 뭔 생뚱맞은 '분석'이 필요한가 의아해 할 수도 있다. 인류는 옛날부터 거의 모든 문화권에서 춤을 추고 즐겨왔다. 특정 지역에서만 어떤 예술을 즐긴다면 그 문화권만의 특성이라고 할 수 있지만, 대부분의 문화권에서 공통적으로 선호하는 문화예술에는 '생물학적'인 이유가 존재한다고 가정하는 게 합리적이다. '생물학적'이라는 것은 쉽게 표현하면, 어떤 생물 종이 살아남고 번성하는 데 도움이 된다는 것을 뜻한다. 우리가 이토록 노래와 춤을 즐기는 것도 마찬가지이다. 춤의 즐거움은 인류의 모방 본능을 빼놓고 이해하기 힘들다. 모방은 인류 보편의 특징으로 우리의 유전자에 새겨져 있다.

춤은 달리기, 걷기, 수영, 섹스 등처럼 사람들에게 즐거움 또는 쾌감을 준다. 여러 연구에 따르면, 많은 사람이 춤을 구성하는 반복적인 동작과 리듬에 이끌리는데 이는 우리 뇌를 비롯한 신경계의 작용과 관련이 있다. 특별히 춤을 배우지 않은 어린아이도 흥겨운 음악을 들으면 들썩들썩 몸을 움직인다. 유치원 아동부터 노인학교의 80세 어르신까지 아이와 어른을 막론하고 앞뒤, 좌우로 몸을 흔들거나 팔과 다리 등 특정 신체 부위에 동작을 가하면서 즐거움을 느낀다. 이런 행동은 신체 발달에도 좋을 뿐만 아니라, 긴장과 스트레스를 완화한다.

춤을 추려면, 먼저 음악에 맞춰 신체의 움직임을 조절하는 능력이 있어야 하고, 되는 대로 출 수도 있지만 기초적인 동작은 대개 이미 있었던 춤을 따라 하거나 응용한다. 특히 여럿이 함께 춤을 출 때는 상대와 움직임을 맞추거나 상호작용을 해야 한다. 이처럼 독무건 군무건 춤에는 모방 능력이 필요한데, 이 모방 능력은 인간의 타고난 모방 본능에 바탕을 두고 있다. 아이를 돌보는 부모가 갓난아기를 품에 안고 어를 때, 부모가 웃으면 아이도 방긋 웃는다. 갓난아기가 웃는 것은 부모의 웃는 얼굴을 모방하는 것인데, 이는 모방 본능을 타고났기에 가능한 일이다. 영국 세인트앤드루스대학교의 진화생물학과 교수인 케빈 랠런드는 타고난 본능에 경험이 더해져야 모방 능력이 작동한다는 점을 강조하였다. 우리는 영화나 연극, 드라마에서 뛰어난 연기를 수행하는 배우들을 보면서 감탄하지만, 사실 사람은 대부분 남을 흉내 내는 본능을 지니고 있다. 전문 배우란 이 타고난 본능에 끊임없는 관찰과 훈련을 더해 더 그럴 듯하게 역할을 수행하는 사람들이다.

인간에게 이러한 모방 본능은 왜 생겨났을까? 인간이 지닌 여러 특징과 마찬가지로 모방 본능도 인류가 생존하고 자손을 이어가는 데에 이점을 제공하기 때문이다. 우리 조상은 집단을 이루어 살았다. 평원이나 사막, 해안 등 자연환경에 대응하여 혼자서 또는 집단을 이루어 생존을 위해 싸워왔다. 집단 차원의 대응과 비교해 혼자서 자연환경에 대응하는 것은 매우 효과가 떨어진다. 단독 수렵 활동은 대개 여럿이 수행하는 조직적인 수렵보다 성공 확률도 떨어지고 결과물도 좋지 않다. 게다가 활동 중에 다치기라도 하면 생존을 보장하기도 어렵다.

여럿이 사냥을 수행하려면 협력과 소통이 필요하다. 사냥 과정에서 사람들은 다른 사람의 사냥 기술을 배우는데 이때 모방은 필수적이다. 인류는 사냥 외에도 생존에 도움이 되는 지식과 지혜를 다른 사람으로부터 배울 수 있었다. 우리 조상은 예를 들어, 도구 제작, 먹을 수 있는 식물을 선별하여 채집하기, 먹거리 가공, 사냥 이후 사냥감 처리, 포식자에 힘을 합쳐 대응하기, 이주 요령, 여러 일을 협동해서 처리하기, 집단 내 다른 사람들과 소통하기 등 오랫동안 여러 사람이 축적한 노하우를 학습해야 생존할 수 있었다. 이 '사회적' 학습에서 남의 행동을 보고 따라 하는, 모방이 매우 중요한 비중을 차지한다. 특히 어린이들은 자라면서 사회 구성원으로서 갖춰야 할 덕목을 습득해야 한다. 모방을 통해 부모와 친척 등 주변의 나이 든 사람들의 행동을 내재화함으로써 사회적 유대를 늘리고 구성원으로서 자격을 얻는다. 이와 관련하여 인간은 거울 뉴런이 모방을 촉진하고 모방에 관여하는 뇌 영역이 증가했음은 잘 알려졌다.[8]

요약하면, 집단이 만들어 내거나 지혜로 축적한 여러 문화적 산물을 모방하는 능력은 생존과 자손 번식에 필수적이었다. 모방 유전자를 지닌 인간은 생존 확률이 높아지고 자손을 널리 퍼뜨렸고 모방 유전자가 없는 인간은 살아남지 못하거나 자손을 남기지 못하는 과

---
8. 거울 뉴런이 최초로 발견된 두정엽과 측두엽이 해당한다.

정이 지속되면서 우리 대에까지 이르렀다. 결국, 현재의 우리는 모방 유전자를 지닌 이러한 상습적 모방자의 자손이다.

춤은 바로 이 타고난 모방 본능 덕분에 발전하였다. 춤을 잘 추려면 물론 적절한 학습과 큰 노력을 기울여 모방 능력을 더 길러야 한다. 춤 관련 신경 회로를 뇌 스캔 등으로 분석한 여러 연구에 따르면, 춤 동작에 따라 모방을 관장하는 뇌 영역이 흥분된다.

춤은 인류가 얻은 지혜를 전달하는 역할도 수행했다. 아직 문자는 고사하고 언어가 충분히 발달하기 이전에도 인간은 살아온 삶의 경험과 지혜를 동작이나 춤으로 동료집단과 자손들에게 전달했다. 춤이 단순한 신체 표현만이 아닌 서사의 전달, 콘텐츠 전달 매개체였던 것이다. 이때에도 모방 능력이 발휘된다. 이 의미는 의외로 크다. 사냥과 싸움 등 일상 활동은 물론, 우주의 원리, 생명의 탄생 과정 등 인류가 얻은 자연과 삶에 관한 서사와 교훈이 춤으로 재현되기 때문이다. 춤은 한 집단이 발견하고 공유해 왔던 문화적 콘텐츠를 담고 있다. 자손을 얻고 싸움에서 이기는 기술, 날씨 예측, 사냥법 등 조상 대대로 축적해 온 경험과 지혜를 전달해 집단이 생존하고 발전하는 데 있어서 춤은 원시 인류에게 훌륭한 교육 수단이자 매뉴얼로 기능했던 셈이다. 오늘날 올림픽 경기에서 각국 선수 입장식, 군대 열병식에서 오와 열을 맞춘 행진, 집단 체조 등도 그 기원은 춤과 같다고 할 수 있다.

모방 능력은 그냥 어느 순간 우연히 생긴 특징이 아니라 인류의 생존이 이어지면서 뇌 안에서 자연선택이 이루어진 결과이다. 이와 함께 뇌와 연결된 골격, 신경, 근육도 선택되었다. 이 진화적 자산으로 인해, 오늘날 사람들은 풍성한 문화의 세례 속에서 춤을 즐기게 되었다. 사람들은 다른 사람들이 춤을 출 때 같이 춤추고 싶어지고 보는 것만으로도 즐거워한다. 이렇게 인류에게 남겨진 모방 능력과 춤을 즐기려는 본능으로 인해 흥겨운 리듬에 맞춰 춤을 추는 행위는 무척이나 자연스럽다. 어떤 노래든 춤을 즐길 수 있지만, K팝 댄스 특히 리듬과 멜로디, 가사를 잘 반영한 간단하면서도 즐거운 포인트 안무가 가미되어 따라 하기에 무척이나 적합하게 고안되었다. 한국과 아시아는 물론 남미와 유럽, 아프리카까지 세계인들이 K팝 퍼포먼스를 보면 몸을 들썩이는 데에는 선천적으로 전해진 유전적 이유가 존재한다.

"헤이 아미, 소리 질러~"

일체감(또는 사회 소속감)과 성선택은 현대 인류의 중요한 특징으로 조상 때부터 형성되었다. 이 두 요인은 모방을 통해 집단과 조상들의 경험과 지식을 전수하는 것과는 또 다른 측면에서 춤이 지닌 중요한 기능과 관련되어 있다.

K팝 춤과 퍼포먼스의 압도적인 강점 가운데 하나가 '군무群舞, group dance'이다. 여럿이 같은 동작의 안무를 보여주는 '칼군무'는 K팝의 상징처럼 여겨지기도 한다. 로큰롤 가수 엘비스 프레슬리의 개

다리춤부터 팝의 황제라고 일컬어지는 마이클 잭슨의 문워크moon walk까지, 춤을 즐기는 대중의 기호를 반영해 기존 팝 음악에도 물론 춤은 항상 존재했었다. 그런데 K팝 아이돌그룹이 칼같이 각을 맞춰 추는 군무는 조금 다른 느낌을 전달한다. 이 군무를 수많은 관객이 따라 하면서 강한 동질감을 느끼는 것이다. K팝에 열광하는 또 하나의 중요한 이유이다.

요즈음엔 파리, 뉴욕, 자카르타, 상파울루 등 세계 곳곳에서 젊은이들이 광장에 모여 BTS를 비롯한 K팝 그룹의 커버댄스를 추는 동영상을 인터넷에서 흔히 접할 수 있다. 이렇게 여럿이 동시에 같은 춤을 추면, 우리의 옛 조상들이 집단적으로 사냥을 할 때나 다른 부족과 목숨을 건 전투를 벌일 때처럼 아드레날린과 옥시토신이 분비되어 사람들은 흥분과 감정의 고조를 느낀다. 수렵채집 사회에서 흔했던 이같은 행동을 '동시적 집단행동'이라 하는데 오늘날에 비유하자면 마치 자신이 좋아하는 팀의 유니폼을 입고 경기장에서 고래고래 소리를 지르며 스포츠를 관람하는 것과 같다.

우리나라에서는 추운 겨울이 끝나고 봄(대개 3월말)이 오면 프로야구 시즌이 시작된다. 분당에서 동부간선도로를 따라 서울 방향으로 차를 타고 잠실에 닿았을 때 운이 좋으면 잠실야구장의 넓은 관중석이 사람들로 빽빽하게 차 있는 진풍경을 볼 수 있다. 경기장 안에서 사람들은 자신과 같은 팀을 응원하는 관중들과 같은 구역에 앉아 집단의 위력을 과시한다. 수만 명이 똑같은 유니폼을 입고 응원 구호를 외친다. 팀을 응원하면서 관중은 모두 한 마음이 된다. 축구도 빠질 수 없다. 리버풀 안필드에서 잉글랜드 프리미어 리그 경기가 열리면, 관중들은 구단 응원가를 떼창하고 클럽 감독, 살라, 아놀드, 판 데이크 등 선수들의 이름과 번호가 적힌 셔츠를 입고 경기를 관람하며 일체감을 즐긴다. 가히 아드레날린과 옥시토신의 대합창이다.

하물며, 일체감을 느끼는 대상이 자신이 좋아하는 아이돌이고, 그 아이돌이 추는 군무를 일제히 따라 하는 젊은이들끼리 느낄 동질감과 엄청난 희열은 더 말할 필요도 없다. 유니버시티칼리지런던에서 인간 심리의 진화를 연구하는 헤이즈와 레이도 비슷한 견해를 표명한다. 사람들은 다른 사람과 같이 춤을 출 때처럼 동시적인 행동을 경험하면 자신에 대한 지각 그리고 동일한 움직임을 행하는 다른 이들과 연결되어 있다는 자각을 만들어 낸다는 것이다.

2021년 11월 27일부터 12월 2일 초까지 4회에 걸쳐, 미국 LA의 소파이 스타디움에는 수많은 사람이 입장하여 직관 또는 커다란 화면을 통해 BTS의 퍼포먼스를 보면서 즐거워했다. 이들은 자신이 좋아하는 뷔, 진, RM, 슈가, 정국, 제이홉, 지민과 BTS의 일원이 되는 일체감을 느낀다. 공연을 즐긴 사람들이 유튜브나 인스타그램 등에 올린 콘서트 후기를 보면 춤과 노래를 선사한 아티스트에 대한 감동은 물론이고 함께 관람한 관객들, BTS의 팬클럽인 '아미'에 대한 동질감, 고마움, 뿌듯함, 소속감 등을 표현한 경우가 많았다. 같은 문화적 선호를 지닌 이들과 집단을 이루는 일체감 속에서 사람들이 얻는 안도감과 든든함이 연대 의식으로 표출되는 것이다. 인류가 수렵 채집 시절에 집단을 이루어 사냥할 때부터 진화한 일체감이 분출한 결과이다.

말춤과 기타와 성선택

춤은 강력한 구애 수단이기도 하다. 당연히 K팝에서의 춤도 성적 매력과 무관하지 않다. 동물의 예는 많다. 새들의 세계에서 상대성(주로 암컷)의 선택을 받기 위하여 선보이는 '현란하고 아름다운 춤'은 꽤 일반적이다. 논병아리의 경우, 수컷들은 물속으로 들어가거나 물 위를 날면서 우아한 동작을 연출하고 물 표면과 공중에서 몸을 비틀고 회전하는 등 거의 춤과 같은 동작으로 암컷 앞에서 일종의 오디션을 본다. 이러한 예는 가이아나바위새, 황금머리마나킨, 흰목마나킨, 흰날개트럼페터 등 여러 조류에서 관찰되었다. 심지어 무척추동물인 초파리도 암컷의 관심을 끌기 위해 날개를 떠는 동작을 선보인다.

이런 행동은 이성 간에 일어나는 성선택 행위의 일종이다. 성선택은 다윈의 자연선택 이론의 중요한 요소 가운데 하나로, 이성을 차지하기 위해 동성들끼리 벌이는 '성내 선택'과 짝짓기를 위해 이성에게 구애하는 '성간 선택'을 포함하는 개념이다. 인간도 예외가 아니어서 동성 간에 우위를 차지하거나 이성을 차지하기 위한 여러 행위가 이루어지는데 노래와 춤은 아주 오래 전부터 자신의 매력을 뽐내고 이성에게 어필하기 위한 주요한 행위였다. 내가 대학을 다닐 때에는 학과나 동아리에서 강촌 등으로 MT(멤버십 트레이닝)를 가면 밤에 모 닥불 피워놓고 둥그렇게 둘러앉아 여흥을 즐기는 시간에 단연 여학 생들의 인기를 독차지하는 사람은 통기타를 멋지게 연주하여 일행의 흥을 돋우는 '통기타 오빠'였다. 물론 '통기타 오빠'가 나처럼 노래나 악기에 젬병인 사람보다 유전자를 남기는 데 더 유리했는지를 연구 한 결과는 아직 만나보지 못했지만, 한 가지 사실은 분명하다. 자신 이 의식했든 그렇지 않든 그날 밤 통기타 오빠의 연주나 그를 선망의 눈길로 바라보던 여학생들의 시선 역시 넓게 보면 성선택 행동의 일 부라는 점이다. 인간은 문화적 장치, 즉 예술을 통해 성선택을 승화 한 특징을 띤다.

과거부터 여러 춤이 그러했듯이, K팝 퍼포먼스도 인간이라면 피할 수 없는 성선택 특징을 잘 활용하였다. BTS는 제이홉이나 지민, 정국처럼 능수능란한 댄서를 중심으로 각기 다른 스타일로 어려운 안무를 소화해 높은 수준의 퍼포먼스를 보여준다. 여성들은 격한 안 무, 잘 연출된 춤 선 등을 보고 BTS가 뿜어내는 남성적 매력을 느낀 다. 구체적인 특징은 다르지만, 걸그룹도 마찬가지이다. 단국대에서 문화예술학을 연구하는 이자헌은 K팝 걸그룹 댄스의 특징을 신체의 아름다움, 당당한 여성성, 청순한 여성미 등의 세 가지 코드로 요약 하였다. 이 연구에 근거해 보면 걸그룹의 댄스는 남성들의 눈길을 끌 수 있는 성선택 행위의 보편적 조건을 거의 다 만족시키고 있다.

결론적으로, K팝이 이토록 인기가 있는 배경에는 인류가 진화 해 오면서 갖추게 된 몇 가지 본능이 자리 잡고 있다. 춤을 보거나 따라 하면서 즐거움을 느끼는 모방 본능, 자신이 좋아하는 아이돌이나 아티스트 그리고 같은 팬덤과 함께 공유하는 동질감과 소속감, 성선택 과정에서 유리하게 작용할 수밖에 없는 성적 매력의 과시 등이 그 공통점이다. 이러한 공통점들은 문화권이 달라도 거의 유사하게 발견되는 인류의 진화 과정을 도운 보편적 특징이다. 진화론의 시각에서 말하자면, 노래와 춤에서 나타나는 이들 요소는 문화의 발전과 함께 진화 과정에서 인류의 유전자에 그 결과를 새겨넣었다고 할 수 있다. 춤과 노래는 인류가 만든 문화예술로서 유전자의 진화를 촉진했고 그 유전자를 바탕으로 인류는 점점 더 세련된 춤과 노래를 즐긴다. 유전자는 혼자 진화하지 않았다. 문화와 함께 공진화를 이뤘던 것이다.

관광버스에서 관찰되는 한국인 DNA?

이제 남은 문제는 '우리나라는 어떻게 세계적으로 인기 있는 음악과 춤을 만들어 냈을까? 한국인의 유전자에는 노래와 춤을 발달시키는 특별한 DNA라도 있는가?' 하는 의문이다. K컬처, 한류의 성공에 대해 일부 학자나 평론가들은 그 원인이 문화의 '상품' 가치에 주목하여 정부 차원에서 수행한 정책과 투자에 있다고 한다. 이런 시각은 특히 외국 학자나 해외 매체들의 분석 기사에서 흔히 발견된다. 물론 과거 김대중 정부 등에서 적극적인 문화산업 육성 정책을 편 것은 매우 인상적이지만, 한국의 문화산업에 대한 투자 규모나 지원 제도가 경쟁국들에 비해 유례없이 월등하다고 볼 근거는 별로 없다.

문화산업 연구자인 김윤지의 저서 『한류외전』에 따르면, 김대중 정부는 외환위기 직후인 1999년 500억 원을 출자해 문화산업진흥기금을 조성했고 2006년 폐지 결정 때까지 기금 규모는 1,905억 원으로 확대되었다고 한다. 결코 작은 금액은 아니지만 할리우드 블록버스터 영화 〈캐리비안의 해적 : 낯선 조류〉 한 편의 제작비가 3억 7,850만 달러로 그 두 배를 훌쩍 뛰어넘는다. 게다가 김대중, 노무현 정부를 뒤이은 이명박, 박근혜 정권에서는 지원은 고사하고 블랙리스트를 만들어 문화예술계 인사들을 옥죄기까지 했던 사실을 우리는 익히 알고 있다.

정부 지원과 다른 측면에서 우리나라가 경제적으로 선진국에 진입한 사실, 내수 시장이 작아 한국의 음악산업계가 비교적 이른 시기부터 해외 시장 진출을 위해 노력했던 과정, 민주화가 이루어져 창작의 자유가 확대된 점, 인터넷이 문화 전파의 강력한 수단이 된 시대에 IT강국인 한국이 빛을 발했다는 분석 등을 꼽기도 한다. 이러한 원인이 모두 오늘날의 K팝이 탄생하고 유행하는 데에 일정 정도 역할을 했을 것이다. 그런데 이러한 조건이 부여된다고 해서 어떤 나라 또는 민족이든 모두 K팝과 같은 문화를 만들어 낸다고 단언하기는 어렵다. 해외 진출의 절실함 정도를 제외한 나머지 조건을 갖춘 나라들은 얼마든지 많기 때문이다. 그렇기 때문에 나와 대화를 나누던 후배가 한국인만의 특별한 유전자, 말하자면 K팝 DNA의 존재 여부에

문화는 유전자를 춤추게 한다

대해 진지하게 물었던 이유를 충분히 이해할 만하다.

　우리나라 또는 우리 민족이기 때문에 가능한 이유는 뭘까? 혹시 우리 민족만의 고유한 생물학적 진화가 오늘날의 K팝을 탄생시킨 원동력일까? 우리 민족이 생물학적 진화 과정을 거쳐 한민족 특유의 춤과 노래 유전자를 물려받았음을 입증하려면 많고도 다양한 증거가 필요하다. 만일 춤을 특별히 더 잘 추게 하는 어떤 단일 유전자가 존재한다면 입증 작업은 비교적 쉬운 일이 될 것이다. 예를 들자면 티벳의 고산 지역에 사는 사람들에게서 발견되는 '고산 적응 유전자' 같은 경우이다. 에베레스트 등정을 보조하는 셰르파sherpa들은 다른 민족이나 타지역 사람들에 비해 혈액 내 산소 운반 능력이 대단히 뛰어나다. 이는 *EPAS1*이라는 유전자 때문이다. 그런데 이미 앞에서 보았듯이, 춤을 추는 행위와 관련되는 인체의 요소는 너무도 많다. 신체 각 부위의 관절과 근육, 인지와 학습을 담당하는 두뇌 부위, 즐거움과 리듬감에 따라 분비되는 각종 호르몬, 청력, 시력, 호흡 등등 무수히 많은 인체 기관과 유전자의 협업 속에 춤이 나온다. 춤은 한두 개의 특정 근육을 움직이기만 하면 나오는 동작이 아니라, 인체의 거의 모든 기능을 사용하는 총체적인 종합 예술 활동이다. 그러니 이에 관련된 모든 유전자의 상호 조합 속에서만 춤과 연관 있는 유전자를 이야기할 수 있을 것이다. 또 춤을 추는 행위의 근원이사 결과이기도 한 모방 본능, 일체감, 성적 매력 등과 연관되거나 행위 결과에서 파급 영향을 받는 신체 부위의 특성에 관해 엄청나게 풍부한 지식과 데이터, 연구 결과가 축적되어야 춤 유전자의 존재 여부와 작동 메커니즘에 대해 말할 수 있다. 세계화 시대에 국제결혼이 성행하고 타민족과의 유전자가 빈번히 섞이는 현재의 결혼 문화 흐름도 어려움을 더한다. 이렇게 보면, 하나의 가설로서 '가무에 능한 한국인의 유전자'를 상정하는 것은 얼마든지 가능하지만, 가까운 시일 내에 K팝을 출현시킨 우리 민족만의 생물학적 특징이나 유전적 증거를 입증하기는 쉽지 않아 보인다.

그렇다면 관점을 조금 바꾸어서 우리 민족만의 문화적 특징에서 실마리를 풀어보면 어떨까? 우리 민족이 가무를 즐기는 민족이라는 점에 주목한 사례는 적지 않다. 수십 년 동안 미국 하와이대학교에서 한국학을 연구하고 가르쳤던 에드워드 슐츠 교수는 한국인의 문화적 특징 중 하나를 고속도로를 달리는 관광버스 속 풍경을 예로 들어 설명한다. 전세버스가 흔들릴 정도로 버스 안에서 노래하고 춤을 추는 아저씨, 아줌마들 말이다. 우리 전통의 민속놀이를 정리한 옛 기록도 '가무의 민족'의 일단을 보여준다. 부여의 영고, 예의 무천이라는 제사 때 사람들은 노래와 함께 춤을 즐겼다. 고구려의 경우는 고분의 무용도 등에 우리 조상들이 춤을 즐긴 모습을 그림으로 남겼다. 고려 때에도 해마다 열린 팔관회와 함께 가무백희가 발전하였다. 중국 측 기록인 『삼국지 위지 동이전』에서도 고구려에 대해 "백성들은 노래 부르고 춤추기를 좋아하여 촌락에서는 해가 저문 밤에 남녀가 무리로 모여 노래하며 즐겨 놀았다."라고 기록하고 있다.

이렇게 과거부터 이어진 가무를 즐기는 우리 민족의 특징이 적어도 문화적 진화에 유리했을 가능성은 매우 높다. 생물 진화와 똑같지는 않지만, 문화도 진화한다. 변이가 생기고 사람들이 선택한 문화는 크게 번성하는 면에서 그렇다. 많은 학자는 이 점에 주목하여 이론적 모델과 방법을 동원하여 문화의 진화를 연구한다. 우리나라 경우에도, 예로부터 현대에 이르기까지 우리 민족의 가무 문화의 흐름과 변동에 이러한 연구 방법을 적용해 볼 수 있을 것이다. 가무를 즐기는 사람들이 얼마나 살아남아 얼마나 자손을 얻고 또 얼마나 춤의 원형을 유지한 채 자손에게 전달했는지 수학적 모델을 고안하고 관련 데이터를 넣어 모델을 검증하는 것이다. 유용한 과거 자료가 얼마나 존재하는지, 현대 한국인의 문화와 어떤 점에서 얼마나 비슷한지 등 시험할 변수들은 꽤 많다. 그러나 이런 식으로 문화의 진화에 주목하여 가무를 즐기는 우리 민족의 특징이 지금의 K팝 형태로 표출되었을 가능성에 대한 탐색은 의미 있는 일이다.

만일 문화적 진화 연구를 통해 한국인들의 문화 특질이 역사적으로 뚜렷하게 계승 발달해 왔음을 입증하는 것이 가능하다면, 문화와 유전자가 공진화한다는 이론에 비추어 한국인에게 춤과 노래에 특별히 재능을 발휘하게 해주는 유전적 진화가 존재한다는 가설은 한층 힘을 얻게 될 것이다.

문화가 인류에게 선사한 영향력

K팝 이야기로 서두를 열었으니 K팝 대표주자인 BTS 이야기로

장을 마무리하자. BTS는 팬인 아미와 대중들에게 노래를 통해 사람의 마음을 어루만져 주는 메시지를 전달한다. BTS 멤버는 모두 작사와 작곡 작업에 직접 참여하고 동시대 소수자, 세월호 피해자, 인종차별, 계급 차별, 젊은이의 정서적 어려움 등 사회 모순을 노래에 적극적으로 담아 낸다. 때문에 BTS의 노래는 우울증, 강박, 실의에 빠진 사람들에게 "자신을 사랑하라"는 메시지를 던지고 젊은 세대에게 동질감과 연대감을 전달한다. 팬덤인 아미 또한 이런 아티스트들의 메시지에 화답해 지구촌에 선한 영향력을 행사하는 활동에 적극적이다. 나는 아미 팬덤에 가입하지는 못했지만 탐구의 눈으로 그리고 흐뭇한 마음으로 BTS와 팬들의 아름다운 동행을 오래도록 지켜보고 싶다.

지금까지 살펴본 바와 같이 춤이라는 인류의 문화를 이해하고 이 문화가 인간 진화에 기여한 바를 살펴볼 때 유전자·문화 공진화 이론은 적지 않은 시사점을 준다. 인문사회학이나 일반 상식 범주에서는 인간이 만든 문화와 자연을 구분하지만, 생물학의 견지에서는 인간이 만든 문화도 다윈이 제시한 '자연선택'의 압력을 가하는 자연의 일부이다. 생물학에서의 자연이란 단순히 '인공이 깃들지 않은 상태'를 말하는 것이 아니고 생물 종이 몸담고 살아가는 전체 환경과 생태계를 의미하기 때문이다. 인류가 창조한 문화 또한 자연의 일부가 되어 인류의 진화에 영향을 준다는 사실은 생물학을 넘어서 인문사회적, 철학적, 종교적 성찰까지 가능하게 한다.

지구상의 모든 생명체가 진화를 멈추지 않듯이 인류 또한 여전히 진화 중이다. 그런데 다른 생물 종과 달리 향후 인류의 진화에서는 이미 우리가 만들었거나 앞으로 만들어 가는 문화가 우리 종 자체의 진화 방향 결정에 지대한 영향력을 미칠 것이다. 오늘의 우리가 현재 바람직하고 선하며, 자연과 함께 공존할 수 있는 지속가능한 사회와 문화를 만들수록 앞으로 인류 종의 진화 또한 그로 인한 선순환을 반영할 가능성이 다분하다. 물론 그 반대의 경우도 얼마든지 가능하다. 이를 아주 단순하게 표현하자면 이렇다.

"인간은 문화를 만들고 문화는 인간을 만든다."

인간의 몸으로 태어나 살아가는 일이 종종 괴롭고 세상이 비정해 보여도, 우리가 좋은 사회와 문화에 대한 꿈을 포기하지 말아야 할 이유가 여기에 있다고 생각한다.

참고문헌

김윤지 (2023) 한류외전, 어크로스.

김창수 (2009) 문화공공성 개념에 입각한 각 정권별 문화산업정책 비교 연구: 영화와 문화콘텐츠 정책을 중심으로. 박사학위 논문, 한양대학교.

김혜진 (2019) 뉴미디어를 통한 케이팝 댄스의 지속가능성 연구. 박사학위 논문, 고려대학교.

이수완 (2016) 케이팝(K-Pop), Korean과 Pop Music의 기묘한 만남 ― K-Pop의 한국 대중음악적 진정성에 대한 탐구. 인문논총 73(1), 서울대학교 인문학연구원.

이자헌(2016) 케이팝(K-Pop) 걸그룹 댄스의 움직임 특성과 움직임 코드 연구. 우리춤과 과학기술 12(4): 77-114.

이지영 (2022) BTS 예술혁명, 동녘.

이지행 (2020) 서구미디어의 지배담론에 대한 방탄소년단 글로벌 팬덤의 대항담론적 실천 연구. 여성문학연구 50: 79-114.

롭 브룩스 (2015) 매일매일의 진화생물학, 최재천·한창성 역, 바다출판사.

리차드 프럼 (2017) 아름다움의 진화, 양병찬 역, 동아시아.

스티븐 미슨 (2005) 노래하는 네안데르탈인, 김명주 역, 뿌리와 이파리.

에드워드 윌슨 (2012) 지구의 정복자, 이한음 역, 사이언스북스.

제이 펠런 (2021) 생명이란 무엇인가? 활용할 수 있는 지식과 생리학, 장수철 등 역, 월드사이언스.

진 월렌스타인 (2009) 쾌감 본능, 김한영 역, 은행나무.

케빈 랠런드 (2017) 다윈의 미완성 교향곡, 김준홍 역, 동아시아.

케빈 랠런드, 길리언 브라운 (2011) 센스 앤 넌센스, 양병찬 역, 동아시아.

피터 리쳐슨, 로버트 보이드 (2005) 유전자만이 아니다, 김준홍 역, 이음.

Brown S, Martinez MJ, Parsons LM (2006) The neural basis of human dance. *Cerebral Cortex* 16: 1157–1167.

Clyne JD, Miesenböck G (2008) Sex-specific control and tuning of the pattern generator for courtship song in Drosophila. *Cell* 133(2): 354–63.

Heyes CM, Ray ED (2000) What is the significance of imitation in animals? In PJB Slater, JS Rosenblatt, CT Snowdon, TJ Roper (Eds.), Advances in the study of behavior, Vol. 29, pp. 215–245). Academic Press.

Laland KN, Beteson PPG (2001) The mechanisms of imitation. *Cybernetics and Systems* 32: 195–224.

Laland KN, Wilkins C, Clayton NS (2016) The evolution of dance. *Current Biology* 26: R1-R21.

Oh DC (2017) K-pop Fans React: Hybridity and the White Celebrity-fan on YouTube. *International Journal of Communication* 11: 2270–2287.

Rizzolatti G, Craighero L (2004) The mirror-neuron system. *Annual Review of Neuroscience* 27(1): 169–192.

Tarr b, Launay J, Dunbar RIM (2014) Music and social bonding: "self-other" merging and neurohormonal mechanisms. *Frontiers in Psychology* 5: 1096, doi: 10.3389/fpsyg.2014. 01096.

Wen N, Herrman PA, Legare CH (2016) Ritual increases children's affiliation with in-group members. *Evolution and Human Behavior* 37: 54–60.

Whitehouse H, Lanman JA (2014). The ties that bind us: Ritual, fusion, and identification. *Current Anthropology* 55(6), 674–695.

2장

요리하는 동물,
인간

'조리'의 발견

요즈음엔 맛있거나 참신한 메뉴로 소문난 식당 앞에 사람들이 줄을 서서 기다리는 일은 흔한 현상이 되었다. 가난했던 시절에 음식이란 활동에 필요한 에너지를 공급해 주는 '끼니를 때우는' 용도가 큰 비중을 차지했다면 이제는 많은 사람이 맛있는 음식과 식단의 다양성을 추구한다. 이런 현상은 우리나라에서만의 얘기가 아니고 정도의 차이가 있을지언정 세계 곳곳에서 발견된다. 한국의 '먹방'은 영어사전에도 등재되고 인기 먹방 유튜버들은 몇백만에서 심지어 친만 이싱의 구독자를 확보한다. 그런데 이렇게 인류가 먹는 것을 즐기는 현상의 뿌리는 생각보다 깊다. 약 100만 년 전 인류는 음식을 익혀 먹기 시작했는데 이로부터 유전자에 많은 변화가 일어났다. 모든 동물이 생존을 위해 먹이를 구하고 섭식 행위를 하지만 사람과 같은 '먹는 문화'를 형성하지는 못했다. 자연에서 구한 재료로 요리를 하고, 그 음식을 둘러앉아 함께 나눠 먹는 행위, 음식을 대할 때의 태도와 예절 등을 포함하는 음식 문화는 인류의 진화에서 상당히 큰 역할을 수행했다. 요리를 만들고 즐기는 동물, 인간을 살펴보자.

인류는 음식을 익혀서 먹는다. 불을 사용한 조리는 먹거리 성분의 구조를 변화시켜 소화와 영양 섭취를 용이하게 한다. 인류는 불로 조리한 음식을 먹기 시작하면서 이에 맞춰 몸의 구조도 많이 바뀌었다. '불을 사용한 조리'라는 문화가 우리 몸의 유전자를 변화시킨 것이다.

우리는 가끔 샐러드처럼 날것을 먹기도 하지만 대부분 익혀서 조리한 음식을 먹는다. 사실, 인간은 날것을 안 먹는다기보다는 거의 먹지 못한다. 익히지 않은 쌀이나 밀 등 곡류는 물론이고, 지구상에 존재하는 엄청나게 많은 종류의 식물 대부분을 생으로 씹어서 소화하지 못한다. 또 소화는 가능하다 해도 미각이나 후각, 위생 관념 등으로 인해 정육점에서 날것 그대로의 닭이나 소의 고깃덩어리를 보면 먹는 행위 자체도 주저하게 된다. 인간의 몸은 아예 익힌 음식에 맞춰져 있다.

인간의 소화기관은 몸에서 차지하는 비중이 상대적으로 작다. 우선, 다른 초식 동물과 비교해 보자. 채식 위주 식사를 하는 친척 종인 침팬지는 과일, 식물 뿌리, 견과, 잎, 꽃 그리고 드물게 별식으로 곤충, 때때로 (주로 원숭이를 사냥해서) 고기를 먹는다. 하버드대 진화인류학자 리처드 랭엄에 따르면, 이들의 몸무게 당 음식 섭취량은 인간

문화는 유전자를 춤추게 한다

의 두 배 정도에 이른다. 소화 흡수가 쉽지 않은 음식을 잘 소화하려면 소화기관이 발달해야 하고 자연히 신체에서 차지하는 비중이 커진다. 침팬지는 사람보다 상당히 큰 소화기관을 이용해서 이 많은 날것 상태의 식물을 처리함으로써 생존에 필요한 에너지를 얻을 수 있는 것이다.

사람의 소화기관이 작은 사실은 다른 육식 동물과 비교해도 확인할 수 있다. 동물의 날고기를 찢어서 입에 넣고 씹기에는 사람의 입과 턱 근육, 치아 모두 호랑이나 표범 같은 큰 육식 동물은 물론이고 개나 고양이 정도의 작은 동물과 비교해서도 매우 작고 약하다. 당장 송곳니 하나만 비교해도 쉽게 이해할 수 있다. 집에서 키우는 반려견이 있다면 한번 살펴보라. 골든 리트리버나 알래스카 말라뮤트 같은 대형 견종은 말할 것 없고 체구가 작은 웰시코기, 비글, 치와와 같은 작은 견종이라도 사람의 송곳니보다 훨씬 크거나 날카롭거나 단단해 보인다.

버클리대학교 인류학자인 캐서린 밀튼 교수는 위장도 중요하다고 말한다. 육식 동물이 입에서 씹은 날고기는 위장으로 옮겨져 소화가 활발하게 이루어진다. 이때, 위벽 근육이 강하게 수축하여 고기들을 더 작은 크기로 자르게 된다. 이렇게 소화하려면 우리보다 훨씬 작은 개나 고양이도 음식이 위장에 머무는 시간이 각각 2~4시간, 5~6시간 걸린다. 인간에게는 이처럼 강력한 위장이 없을 뿐 아니라 위장에 음식물이 머무는 시간이 고작 1~2시간 정도이다. 우리의 소화기관은 육류를 날것 그대로 먹어 영양분을 흡수하기에는 매우 불리하다. 인간은 식물과 육류를 모두 먹지만 초식 동물, 육식 동물 모두와 비교해 소화기관이 작다.

인간은 침팬지와는 비교될 수 없을 정도로 작은, 다람쥐와 비슷한 크기의 매우 작은 입, 생고기를 찢거나 씹기에는 형편없이 작은 치아, 크기와 힘이 줄어든 입술과 턱 근육을 지닌다. 사람은 육식 동물과 비교해 위 근육도 덜 발달되었고 비슷한 크기의 영장류와 비교해 대장 대부분을 이루는 결장의 크기가 60% 정도로 역시 작다. 결장은 초식 동물이 섬유질 음식을 효율적으로 분해하도록 돕는다. 인간의 결장이 작다는 것은 식이섬유나 생식 위주의 식사가 적절하지 않음을 의미한다. 반면에 인간은 영양분을 흡수하는 소장 길이는 친척 종들과 비교해 늘어났다. 이런 소화기관 구조 덕분에 인간은 다른 동물에 비해 같은 양을 먹어도 더 많은 영양분을 흡수할 수 있다. 이 모든 사실은 인간의 신체 중에서 특히 소화기관은 날것이 아닌, 불을 사용한 조리로 얻은 음식물 처리에 알맞게 진화되었음을 알려준다.

자연적인 것을 선호하는 심리

혹시 익혀 먹는 조리법에 문제는 없는 것일까? 인간을 제외한 다른 동물들은 음식을 조리하지 않는다. 이들은 있는 그대로 먹이를 섭취해도 전혀 문제가 없다. 유독 인간만이 자연이 제공한 먹이에 인위적 변형을 가한다. 우리가 대자연이 제공하는 그대로의 음식을 먹

문화는 유전자를 춤추게 한다

지 않고 조리된 음식을 섭취함으로써 놓치는 것이 없지는 않을 터이다. 예컨대 자연 상태와 달리 조리 과정에서 파괴되는 영양소도 얼마든지 있을 것이다. 이런 우려에 바탕을 두고 자연이 제공한 음식을 그대로 섭취하지 않는 식생활로 인해 건강이 상할 가능성이 있다는 주장이 나온다. 그런데 자연적인 것이 인공적인 것보다 무조건 우리 인간에게 더 좋다는 주장은 터무니없는 경우가 많다. 자연에는 인간에게 유리한 요소만 있는 것이 아니다. 병을 유발하는 세균과 바이러스 또한 자연이다. 반면 이를 치료하는 백신은 명백히 인공물이다. 조금만 합리적으로 생각하면 '자연 그대로'란 주장에는 많은 허점이 있지만, 그럼에도 사람들은 어쩐지 '자연적, 천연적'이라는 단어에 쉽게 솔깃한다.

대중들의 이런 심리는 진화심리학자들이 손쉽고 간명하게 설명한다. 인류는 문명 이전에 수백만 년을 자연에서 수렵채취 생활을 하면서 자연에 적응하고 자연을 경외하고 신성시하면서 살아왔기에 인간 심리의 대부분은 이때 형성되어 아직도 자연을 접하고 바라볼 때 편안함을 느낀다는 것이 진화심리학의 설명이다. 한마디로 말하면, 현대인은 아스팔트 위를 걷고 아파트에서 살아가지만, 우리 마음은 여전히 나무 사이를 옮겨 다니거나 토끼나 쥐 같은 작은 사냥감을 쫓아다니던 원시시대에 형성된 의식이 견고하다는 것이다.

그런데 이런 간명해 보이는 설명에는 생각할 점이 있다. 인류의 역사를 500만 년에서 700만 년 정도로 잡는다고 할 때 불의 사용은 호모 에렉투스 단계부터라고 고고학이나 인류학계는 추정하며 그 시기는 지금으로부터 100만 년 전후이다. 물론 불을 사용하기 전 600만 년은 너무도 긴 세월이고 불과 함께한 100만 년보다 여섯 배나 많은 기간이기는 하나, 100만 년이라는 시간도 사람의 근원 심리를 형성하기에 얼마든지 충분한 엄청나게 긴 기간 아닌가? 유전자·문화 공진화론은 이 상대적으로 짧은(?) 기간 동안 음식 조리 문화에 의해 인류의 소화기관이 변화한 점을 중시한다. 7장에서 살펴보겠지만, 불과 약 1만 년 전에 일어난 농업 문화는 다시 100만 년의 백분의 일에 불과한 시간임에도 인간의 유전자에 많은 변화를 가져왔다.

유전자·문화 공진화론은 인간 심리 기제 역시 진화의 산물이라는 진화심리학의 기본 전제나 연구 방법을 부정하지는 않는다. 다만 과학적 근거를 충분히 입증하기 위해서 유전자의 변화를 인간 문화와 함께 살피는 방법이 훨씬 더 효율적이거나 과학적이라고 판단하는 학문 조류인 셈이다. 그래서 자연을 바라볼 때 편안함을 느끼는 이유를 자연에서 편안함을 느끼는 성향이 문화적으로 강화되고, 이는 다시 유전적 선호로 이어졌을 가능성에 주목한다. 더불어 유전자·문화 공진화론은 자연 환경만이 아니라 불로 조리한 음식을 섭취하는 행위처럼, 자연에 변형을 가한 문화나 인공적인 산물도 인간 진화에 영향을 크게 미친다고 본다.

이야기가 잠시 옆길로 샜는데, 다시 음식 문화로 돌아가 "자연 그대로를 섭취하자"는 주장의 대표 격인 생식 문제를 살펴보자. 가공하지 않은 날것을 먹는 생식을 통해 고혈압을 고쳤다느니 비만에서 벗어났다느니 하는 주장을 접하기는 어렵지 않다. 그런데 이러한 주

문화는 유전자를 춤추게 한다

장이 얼마나 타당한지는 면밀한 역학 또는 통계 조사를 필요로 한다. 부분적인 소수 사례만으로 전체적 결론을 내리는 우를 범해서는 안 된다.

생식은 건강에 좋을까? 살펴보면, 생식이 아닌 다른 식습관 개선을 통해 건강이 나아졌다는 연구 보고와 통계 자료가 훨씬 많다. 오히려 생식은 건강에 부정적인 영향을 미친다. 음식을 불로 익히면 건강을 해칠 수 있는 많은 종류의 병원체를 제거하고[9] 식물이 자신을 방어하기 위해 생성하는 여러 독소 화학 분자를 변형시켜 무력화하지만, 생식은 이런 이점이 없다. 생식은 소화는 물론 우리 몸의 다른 기능을 방해하기도 한다. 영양학자 코리나 코브닉이 이끄는 팀이 독일 기센대학교에서 수행한 연구와 조사에 따르면, 여성의 경우, 완전히 생식만 하면 두 명 중 한 명이 생리 불순을 겪고 열에 한 사람 꼴로 생리가 완전히 중단된다고 한다. 남성들의 경우에는 생식 이후 성적 본능을 느끼는 정도가 줄어들었다고 연구팀은 밝혔다.

생식에 비해 익힌 음식은 영양분 섭취에 유리하다. 동물을 관찰해도 쉽게 알 수 있다. 랭엄이 인용한 여러 연구에 따르면, 소, 돼지 등 가축이나 개, 연어 등 물고기 종류, 심지어는 일부 곤충을 대상으로 한 실험에서도 동일한 양의 먹이를 익혀서 제공하면 그렇지 않은

---

9. 다른 동물들은 불을 사용하지 않아도 음식물을 먹는 과정에서 병원체를 처리할 수 있게 진화했다. 야생의 초식 또는 육식 동물은 들판에 널려 있는 풀이나 사냥감을 먹어도 탈이 나지 않는다. 심지어 하이에나와 독수리는 썩은 고기를 먹는다. 만약 우리가 이러한 식사를 한다면 십중팔구 심한 식중독에 걸리게 될 것이다.

경우보다 빨리 성장한다. 반려동물의 경우, 사료를 익혀서 제공하면 살이 찌는 현상은 이미 잘 알려져 있다.

왜 익힌 음식이 더 많은 영양분 또는 에너지를 제공하는 걸까? 음식을 익히면 열량의 밀도가 커지기 때문이다. 즉, 같은 양의 칼로리를 얻는 데에 익힌 음식은 날음식보다 적은 양이 필요하다. 음식을 익히면 연해진다. '연해진다'는 것은 녹말이 젤라틴화하고 단백질이 변성한다는 의미이다.[10] 젤라틴화는 높은 온도에서 녹말을 구성하는 큰 분자끼리의 수소결합이 끊어지는 현상이다. 이 상태에 이르면 소화효소가 더 쉽게 접근하게 되어 녹말이 포도당으로 더 잘 분해된다. 이를 증명하듯이, 밥이나 빵 등 익혀서 조리한 녹말을 먹으면 그렇지 않은 경우와 비교해 혈당 지수가 짧은 시간 내에 많이 증가한다.

벨기에 루벤 대학병원의 피터 에벤폴 등은 달걀을 날로 또는 익혀서 섭취한 뒤 우리 몸이 단백질을 흡수한 정도를 비교하였다. 그 결과, 날달걀의 경우, 단백질의 40% 이상이 소화되지 않은 채 발견되는 반면, 익힌 달걀은 90% 이상이 소화되어 흡수된 것으로 밝혀졌다. 이 경우도 녹말과 마찬가지이다. 가열하여 단백질이 변성되면 소화효소가 접근할 여지가 많아져 분해가 잘 되는 것이다. 결국, 불을 이용한 조리는 대부분 음식을 부드럽게 만들어 음식의 분해와 흡수,

---

10. 단백질의 경우, 우리가 주로 섭취하는 근육은 주로 미오신으로 이루어졌는데 다른 종류와 마찬가지로 열을 가하면 결합이 끊어져 모양이 변해 식감과 소화되는 정도가 바뀐다.

소화를 돕는다.

결론적으로 인류만이 불을 이용한 조리를 시작하게 되었고 이 '익혀 먹는 문화' 때문에, 인류는 안전하고 영양가 높은 음식에 적응한 독특한 구조의 소화기관을 갖게 되었다. 몸의 변화는 유전자의 변화를 통해 일어난다. 불로 익힌 조리법이 우리의 유전자를 바꾼 셈이다. 게다가 불로 조리한 음식은 위생 문제도 해결할 수 있었다. 조리에 익숙해지면서 몸이 바뀐 인류는 더욱 조리한 음식을 추구하게 되어 익혀서 먹는 여러 새로운 음식을 더 많이 고안해 냈다. 그 결과, 음식 문화는 한층 풍부하게 발전하였다. 이렇게 음식 문화는 인간의 유전자를 바꾸고, 바뀐 유전자는(인간은) 다시 다양한 조리법을 개발해 음식 문화를 풍성하게 발전시키면서 음식 문화와 유전자의 공진화가 계속 이어져 왔다. 먼 옛날 우리 조상이 동굴에 불을 피워 물고기나 들에서 잡아 온 작은 동물을 익혀 먹던 때부터 오늘에 이르기까지.

맛 감각은 오랜 진화의 결과물

조리한 음식은 단지 에너지 흡수의 용이성이나 안전성에서만 장점이 있는 것이 아니다. 크게 주목할 점이 더 있다. 음식의 '맛'이다. 오늘날 현대 인류의 관점에서는 음식을 익히지 않고 섭취하면 생기는 문제점 중에서 영양보다 더 중요한 것은 익히지 않은 음식이 맛이 없다는 점일지도 모른다. 차라리 굶을지언정 맛없는 음식을 용인하지 못하는 시대이니까.

불로 음식을 익히면서 맛 감각에도 많은 변화가 일어났다. 불 사용 이전에 맛에 관한 감각들은 주로 자연선택만의 결과물이었다. 고열량을 함유하는 단맛과 기름진 맛에 대한 감각은 일찍부터 발전했을 것이다. 불을 사용한 조리를 시작한 이후 늘어난 여러 성분을 섭취하면서 다른 동물에 비해 인간은 더 확장된 맛과 향 감지 장치를 갖게 되었다.

사람들이 대체로 맛있다고 말하는 메뉴를 떠올려 보자. 피자, 햄버거, 파스타, 스테이크, 불고기, 짜장면, 비빔밥 등등 상당히 다양할 것이다. 그런데 우리가 느끼는 맛의 정체를 알기 원한다면 음식 성분을 분석해 보아야 한다.

음식 성분은 크게 단백질, 탄수화물, 지방, 핵산으로 나뉜다. 어떤 메뉴이든 우리가 먹는 음식은 모두 이 네 가지 성분으로 이루어져 있다. 이 가운데 핵산은 다른 성분을 재료로 만들어지므로 섭취해야 하는 주요 영양소에는 포함되지 않는다. 단백질은 몸의 구성 재료 공급원이다. 생물은 성장하고 생명을 유지하기 위해서 계속 단백질을 섭취해야 한다. 당과 녹말을 포함하는 탄수화물은 대부분 생물이 쉽게 에너지원으로 사용하는 성분이다. 당의 단맛은 인간뿐 아니라 원숭이, 생쥐, 초파리, 심지어 효모 등 단세포 생물도 감지한다고 한다. 지방은 저장 기능이 있을 정도로 에너지가 풍부하다. 앞서 열거한 여러 메뉴 가운데 비빔밥을 제외한 나머지는 비교적 지방 성분이 많다는 공통점이 있다.

맛 감각은 매우 오랜 세월 동안 진화한 결과물이다. 인류는 대략 500만 년 전까지는 채식을 주로 하였고 빠르면 330만 년부터 육식을 시작하였던 것으로 추정된다. 불을 이용한 조리는, 논란의 여지가 있지만, 약 100만 년 전부터 시작한 것으로 보인다. 적어도 장장 100만 년 동안 우리의 맛 감지 유전자는 조리법을 비롯한 음식 문화와 함께 진화했다.

많은 문화권에서 곡물과 감자, 옥수수 등을 익혀 먹는 다양한 요리가 일찌감치 발달하였다. 탄수화물에 대한 1차 감각운동피질의 반응을 관찰한 연구에 따르면 우리의 뇌는 젤라틴화된 녹말에 더 반응하도록 진화하였다. 또한 녹말이 지방과 소금 등과 함께 조리되면 감칠맛을 능가하는 효과를 나타낸다고 알려져 있다. 단순한 탄수화물인 당을 가열하면 캐러멜화된다. 이 캐러멜화 역시 새롭고 풍부한 맛을 만든다. 섭씨 170도 정도까지 설탕을 가열하면 포도당과 과당으로 분해되고 이 단순당들은 더 분해된다. 그러면 과일, 꽃, 버터, 우유 등의 향을 내고 일부는 로스트비프 향을 내기도 한다. 이 반응을 계속하면, 미세한 신맛과 쓴맛은 물론 복잡한 향을 느낄 수 있는 또 다른 맛의 세계가 열린다.

당은 단백질과 함께 가열되면 새로운 맛도 만든다. 빵이나 베이글을 굽거나 스테이크를 익히면 갈색으로 변하는 것을 목격할 수 있다. 이렇게 음식을 익힐 때 일어나는 화학 반응을 발견자인 프랑스인의 이름을 따 마이야르Maillard 반응이라 한다. 섭씨 140도 정도로 음식물이 가열되면 당과 단백질(내 아미노산)의 결합이 일어나고 이어 연쇄 반응으로 피라진, 퓨라논, 옥사졸, 티오펜 등 독특하고 풍미가 좋은 많은 종류의 화학물질이 조금씩 만들어진다. 그 결과, 사람들이 즐기는 견과, 고기, 로스트 비프, 캐러멜 등의 맛을 낸다. 인류는 불을 사용하기 시작한 이후 약 100만 년의 긴 기간 동안, 탄수화물과 단백질을 익혀 먹었고 마이야르 산물에 노출되어 현재에 이르렀다. 사람의 미각은 다른 동물에 비해 여러 종류의 당-단백질 화합물을 더 많이 감지할 수 있게 되었다. 음식을 익혀 먹게 되면서 여러 변형된 화합물에 대응하여 우리의 맛 감지 메커니즘은 변하거나 늘어났을 가능성이 크다.

단백질도 가열하면, 고유의 입체 구조가 국수 모양으로 풀어져 서로 들러붙게 되는데 이 과정에서 전반적인 식감과 색깔이 변화한다. 게다가 단백질이 분해되어 단백질 구성 아미노산 중 감칠맛을 내는 글루탐산이 음식물로부터 방출된다. 단백질을 익혀 만든 메뉴는 감칠맛의 보고이다. 만약 단백질을 담은 국물 등 액체를 포함한 음식을 익히면, 국물 속으로 글루탐산이 녹아 나와 마치 조미료처럼 기능한다. 동경대 화학과의 이케다 기쿠나에池田菊苗 교수는 해조류를 넣어 익힌 국물 등을 연구하여 그 유명한 글루탐산나트륨 즉, MSGMonosodium Glutamate라는 감칠맛 성분을 발견하였다. 사실 감칠맛은 MSG와 함께 RNA 핵산인 구아닐산 또는 이노신산을 섭취하면 훨씬 풍부해진다. 인간의 뇌가 감칠맛에 반응한다는 사실은 많은 연구를 통해 보고되었다. MSG를 포함한 용액을 마시고 뇌 영상 등을

문화는 유전자를 춤추게 한다

통해 우리 뇌의 활동을 측정하면 전두엽피질, 절연피질, 측좌핵 같은 부위가 활성화된다. 이들 부위는 쾌감, 맛 인식, 보상, 식욕 조절 등과 관련된 영역이다. 익힌 단백질을 섭취하면서 인류가 감칠맛을 발견하고, 두뇌가 이에 반응하는 과정을 거치며 진화했을 가능성을 추정하게 하는 연구들이다.

땀을 뻘뻘 흘리며 매운 음식을 먹는 이유

사람은 단맛, 감칠맛, 짠맛, 신맛, 쓴맛 등 다섯 가지의 맛을 감지한다. 여기에 지방을 더하면 한결 확장된 맛의 세계가 열린다. 맛 수용체뿐 아니라 냄새 수용체까지 작동하는 것이다. 감칠맛 등 다른 맛도 어느 정도는 마찬가지이지만, 지방을 익히면 수많은 아로마 향료가 방출되면서 음식의 향(풍미)을 증가시킨다.[11] 냄새는 우리가 먹는 음식의 맛을 크게 좌우한다. 에든버러대학교의 진화생태학 교수인 조너선 실버타운은 『먹고 마시는 것들의 자연사』라는 책에서 인간의 냄새 수용체 수가 최대 400개인데 아프리카코끼리(2,000개)나 생쥐(1,300개)에 비해서는 적지만, 침팬지나 오랑우탄 등 유인원 종류

───── 11. 지방 자체는 맛이 없으나 맛의 가용성을 높여 입맛을 좋게 하는 기능을 지닌다고 한다. 일부 학자들은 지방 맛을 포함하여 여섯 가지의 기본적인 맛 감각이 있다고 간주하기도 한다.

와 비교하면 비슷하거나 오히려 많다고 주장한다. 흔히 우리는 냄새를 잘 맡는 사람을 '개코'라 하여 동물에 비유한다. 여기에는 인간의 후각 기능이 자연 상태의 동물보다 크게 떨어질 것이라는 암묵적인 판단을 깔고 있는 것인데 실상은 그렇지 않은 셈이다.

후각에 더해 통각도 음식의 맛을 느끼는 데에 관여한다. 고추의 캡사이신은 통각 수용체를 자극한다. 양파, 마늘, 생강 등은 후각과 통각 수용체를 자극한다. 누구든 매운 고추를 섭취하면 통각의 일종인 뜨거운 열감을 느끼게 된다. 그런데 사람들은 왜 이 음식들을 먹으려는 것일까? 이 음식 성분은 자극적이지만 우리에게 독은 아니다. 캘리포니아대학교 데이비스 캠퍼스의 얼 카스텐스 박사에 따르면, 처음에 자극을 맛보았던 우리 조상은 짧은 시간 내에 해롭지 않다는 것을 알게 되었고 더 나아가 이 식물들이 지닌 영양소를 섭취하는 과정에서 자극을 즐기게 되었다. 캡사이신이 소화될 때 이유는 분명하지 않지만, 엔돌핀이 분비되어 은은한 기분 좋음을 느끼게 된다는 것이다. 이른바 '맵부심'이 가득한, 즉 매운 음식을 좋아하는 사람들 중 상당수가 "매운 음식이 스트레스 해소에 좋다"고 말하는 것은 이와 관련된 현상으로 보인다. 과학저술가이자 요리사인 존 메퀘이드는 고추가 제공하는 열감에 주목한다. 그는 불을 이용한 요리가 출현한 이후 인류는 뜨거운 음식을 좋아하도록 진화하였고 고추에 의한 열감이 늘 향미를 만드는 주요 요소였다고 주장한다. 즉, 조리의 출현과 함께 고추를 포함한 열감을 감지하고 즐기도록 인류가 진화한 것으로 볼 수 있다.

문화는 유전자를 춤추게 한다

이렇게 엄청난 종류의 맛에 대응하여 이를 감지하는 중추는 준비가 되어 있을까? 이와 관련하여 뇌 용적의 변화를 살펴볼 필요가 있다. 다른 장에서 문화와 인간 뇌 용적의 변화 관계를 본격적으로 살펴보겠지만, 호모 사피엔스는 호모 에렉투스(또는 호모 하이델베르크나 호모 에르가스터)로부터 진화하였는데 바로 인류의 직계 조상인 호모 에렉투스 때부터 불을 사용하기 시작했고 뇌의 용적도 증가했다. 더불어 늘어난 뇌 용적과 함께 음식의 맛을 감지하는 중추도 발달하여 익힌 음식에서 나오는 훨씬 다양한 맛과 향미를 감지할 수 있었을 것으로 추정한다.

음식 문화가 선택한 유전자들

지금까지 인류가 불을 사용하여 요리를 만드는 문화가 출현한 이후 이 문화가 우리 인류에게 유발한 변화를 살펴보았다. 이와 관련된 유전자는 이미 언급한 뇌 용적 증가 유전자 외에도 다음과 같은 몇 가지로 나누어 볼 수 있다.

나뭇잎이나 날고기를 충분히 씹고도 남는 턱 힘을 가진 다른 동물과 달리 인류는 음식을 익혀 먹기 시작하면서 굳이 강한 턱을 유지할 필요가 없었다. 유인원의 경우, 씹을 때 사용하는 근육은 머리까지 연결되어 강한 힘을 발휘할 수 있지만 사람은 관자놀이에 연결되어 씹는 힘이 약하다. 이에 관련하여 *MYH16* 유전자가 거론된다. 이 유전자는 근육 운동에 제 기능을 하지 못하는 위유전자pseudogene로, 음식을 익혀 먹기 시작한 시기로 추정한 100만 년 전보다 훨씬 더 이전에 출현했다.[12] 턱 힘 강화에 별 역할을 하지 않는 이 유전자는 인류 생존에 도움이 되지 않기 때문에 곧 사라지는 것이 적자생존의 올바른 적용일 것이다. 그런데 다행히도(?) 인류는 이 위유전자의 출현 전후에 불로 음식을 익혀 먹는 방법을 터득했다. 결과적으로, 더 강한 턱이 출현하지 않은 채 현재까지 이 돌연변이 유전자가 남게 된 것이라 추론한다.

치아 유전자도 관련된다. 익혀서 부드러워진 음식을 섭취하면서부터는 그 이전과 비교해 치아의 수가 줄어도 지장이 없었을 것이다. 불을 이용해 만든 요리가 출현한 이래로, 사랑니가 잇몸에 묻히거나 아예 없는 채로 태어나더라도 음식 섭취에 큰 문제가 없게 되었다. 어쩌면, 사랑니를 아예 만들지 않는 것이 생체의 에너지 경제 면에서 더 유리했을 것이다. 사랑니와 관련해서는 몇 가지 유전자에 관하여 연구가 진행 중이다. 치아 중 특히 세 번째 어금니인 사랑니는 약 20~30%의 사람들에게서는 발견되지 않는다. 사랑니가 없는 최초의 두개골은 30~40만 년 전 화석에서 발견되었다.

위장 근육, 소장의 증가, 대장의 축소 등 소화기관의 크기와 모양에 관여하는 유전자들이 조리와 관련하여 어떻게 변화했는지에

---

12. 실버타운 교수는 호모 에렉투스가 요리를 시작했다고 간주하면서 이미 강한 턱 힘은 사라졌음을 예시로 든다.

　　　　　　　　　　　　　　　　　문화는 유전자를 춤추게 한다

관해서는 연구가 충분히 이루어지지 않은 편이다. 관련 유전자가 많아서 이러한 연구가 쉽지 않아 보인다. 예를 들어, 십이지장 세포에서는 사람의 2만 1,000여 개 유전자 중 70%가 발현하고 300여 개가 차등적으로 발현한다. 이 중 조리와 관련하여 십이지장의 진화에 관련된 유전자들을 찾고 이들의 변화를 추적하려면 연구 방법을 매우 체계적으로 계획해야 하고 여러 방향에서 접근해야 한다. 생쥐, 침팬지 등을 대상으로 유전자 발현을 조사한 연구처럼 이미 이에 관한 연구는 시작되었고 앞으로 유전자 수준에서의 구체적인 증거는 더욱 증가할 것이다.

여러 가지 맛과 풍미 각각을 감지하는 우리 인류의 수용체 유전자가 어떻게 진화했는지에 대한 연구도 마찬가지라 할 수 있다. 관련 유전자를 찾아내고, 더 나아가 각 유전자의 기능과 출현 시기 등이 불을 이용한 조리와 어떤 관계인지를 하나하나 밝혀 가야 하는데 아직 관련 연구는 매우 적은 편이다. 이러한 사정은 후각, 통각과 관련해서도 마찬가지이다. 이에 반해 맛 수용체(유전자)에 관한 연구는 상대적으로 많은 편인데 이는 요리나 음식 산업 규모가 발달하여 산업적 요구나 지원이 그만큼 많기 때문이다.

어떤 음식은 추억을 소환한다

앞장에서 우리는 인간이 춤이라는 문화와 함께 진화했음을 살

퍼보았다면, 이번 장에서는 인간은 또한 음식 문화와 함께 진화한 사실을 확인했다. 이와 관련하여 최근 한식이 세계적으로도 각광을 받는 현상도 함께 살펴보자. 미국과 유럽 등 서구권에도 많은 한식당이 생겨나고 있으며 한국식 식단에 관한 관심도 증가하는 중이다. 많은 외국인들이 불고기, 비빔밥, 김치 등을 미각적으로 즐길 뿐만 아니라 '균형과 조화가 이루어진 건강한 음식'이라고 생각한다. 그럴 수밖에 없는 것은 우리가 늘 익숙하게 먹었던 음식인 한식, 이른바 K푸드에는 인류 공진화의 한 축이었던 음식 문화의 많은 지혜가 담겨 있기 때문이다.

나는 약 30년 전에 미국 미시간주 앤아버 시에 있는 미시간대학교에서 박사후 연구원으로 유학 생활을 했었다. 당시 한국 유학생들이라면 누구나 미국인들 사이에서 불고기를 요리해 먹은 재미있는 경험담 한둘쯤은 가지고 있다. 미국인들은 도시의 공원이나 근교의 자연 속에서 바비큐를 곧잘 즐기곤 하는데 대부분 스테이크용 소고기, 소시지, 몇 가지 야채 등을 곁들여 구워 먹는 모습이 다들 엇비슷하다. 그런데 한국 유학생들이 나타나 불고기를 굽기 시작하면 미국인들이 평소에 맡지 못하던 달큰하고 자극적인 냄새가 바비큐장 전체로 퍼져나간다. 곧 한국인들의 조리 현장 주변에는 적잖은 미국인들이 눈을 동그랗게 뜨고 그들에게 생소한 음식에 호기심을 보이며 몰려드는 모습이 종종 관찰되곤 했다. 지금은 세계적으로 유명해져서 한국의 대표 음식 중 하나로 꼽히는 불고기이지만 당시 미국인들에게 고기를 갖은 양념에 재워서 구워 먹는다거나 고기를 구울 때 나

문화는 유전자를 춤추게 한다

오는 국물까지 별미로 즐기는 모습은 무척 이색적이었을 것이다.

이렇게 모르는 사람들까지 주위에 불러모은 불고기 맛의 핵심은 양념이다. 불고기 양념은 양파, 대파, 버섯류, 간장, 마늘과 설탕, 물엿 등이 주재료이다. 설탕과 물엿은 소고기 육질을 부드럽게 하고, 가열되면 소고기의 마이야르 반응을 촉진한다. 한국인이라면 누구나 밥 한 숟가락 말아서 먹고 싶을 수밖에 없는 불고기 국물은 녹아 나온 소고기의 감칠맛, 적당히 고소한 지방의 맛, 양념의 단맛과 신선한 채소의 맛이 어우러진 복합적이고 깊은 풍미로 가득하다.

사람들은 여러 성분이 어우러진 음식을 특히 좋아하는 경우가 많다. 여러 음식을 섞어 먹으면 이도 저도 아닌 맛으로 느낄 것 같지만 그렇지 않다. 우리 뇌의 맛 감각 중추는 복합적인 맛은 물론 그 성분을 이루는 각각의 맛을 따로 감지할 정도로 충분히 섬세하다. 이와 관련하여, 가장 먼저 떠오르는 음식이 비빔밥이다. 우리나라 사람들은 양푼에 밥과 여러 나물이나 반찬을 넣고 고추장과 참기름을 추가해 쓱쓱 비비는 상상만으로도 침이 고인다. 예전에 고기가 귀하던 시절에는 비빔밥에 들어가는 재료는 나물 일색에 부친 계란 정도였지만, 요즈음 비빔밥에는 종종 육회나 익힌 소고기가 들어간다. 이렇게 만드는 비빔밥은 밥(녹말), 다양한 데친 야채(섬유소), 육류(단백질) 등의 성분을 골고루 포함한다. 비빔밥은 영양의 균형을 이룰 뿐 아니라 다양한 식재료를 조화롭게 맛볼 수 있는 장점을 지닌 음식이다.

육류와 야채의 조화도 한식의 장점 중 하나이다. 한국인들은 돼지갈비든 삼겹살이든 수육이든 고기만을 먹는 경우는 드물고 거의 언제나 야채를 곁들여 먹는다. 압권은 쌈을 싸서 먹는 습관이다. 쌈 역시 비빔밥과 마찬가지로 여러 음식 성분의 조화에서 나오는 맛과 영양의 균형이 훌륭하다.

육식을 즐기는 서양인들도 스테이크를 먹을 때 곁들임 채소라 할 수 있는 가니쉬를 함께 먹곤 한다. 가니쉬 재료로는 감자, 양파 등의 뿌리채소, 아스파라거스, 방울토마토, 파프리카 등의 야채, 월계수 잎이나 바질 같은 허브 등을 많이 사용한다. 그러나 서양 음식에서 가니쉬는 한식의 쌈채소나 김치처럼 야채를 풍부하게 같이 먹는 방식이라기보다는 주재료를 돋보이게 만드는 '고명'에 가까운 느낌이다. 고기를 먹을 때 섬유소를 같이 섭취하는 식문화는 영양 균형 외에도 소화 흡수를 돕는 효과도 있다. 랭엄 교수는 유전적으로 인간과 가장 가까운 종인 침팬지의 생태를 오랫동안 관찰했다. 그는 침팬지가 사냥한 날고기를 다 자란 억센 이파리로 싸서 먹는 행동에 주목했는데 이는 질긴 날고기를 조각으로 나누는 데에 효과가 있는 행동이었다. 한국인이 바비큐를 먹을 때 쌈을 싸서 먹는 모습을 조금은 생소하게 바라보던 외국인들도 막상 이 방법을 따라 하면 대부분 예상치 못한 풍부한 맛에 놀라며 금방 반하게 된다.

한식의 특징 중 하나는 매운 음식이 많다는 점이다. 외국인이 처음 한식을 경험하면 맛이 강하다고 느낄 여지가 많은데 고춧가루를 많이 사용하고 대부분 음식에 마늘 양파, 생강 등을 듬뿍 넣기 때문이다. 이미 언급한 대로, 불을 이용한 요리에 익숙해지는 과정에서 인류는 열감을 감지하고 즐기도록 진화했기 때문에 맵거나 강한 자극성 재료를 사용한 음식을 환영하는 사람들은 한국인 외에도 의외로 많다. 우리 음식이 양념이나 향신료를 많이 사용하기는 하지만 이러한 조리법은 한국만이 아니라 날씨가 덥거나 여름이 긴 나라들 중심으로 널리 퍼져 있다. 음식 연구자들은 양념과 향신료의 기원이 육류의 부패를 막기 위한 목적에 있다고 본다. 양념과 향신료는 대부분 식물에서 얻어진다. 식물들은 외부로부터 자신을 방어하기 위한 합성 물질을 만드는데, 이 물질이 세균 증식을 억제함으로써 육류의 부패를 막는 데에 효과적이다.

K푸드가 일깨운 음식 문화의 원형

음식 전문가도 아닌 내가 K푸드의 특징 몇 가지를 거론한 것은 우리 음식에 인류가 진화 과정에서 터득하고 쌓아오고 전수한 인류의 지혜가 깊게 배어 있음을 설명하기 위해서였다. 유일하게 '요리하는 동물'인 인간에게서 음식 문화는 공진화의 분명한 한 축이었다. 우리 유전자에는 진화 과정에서 영향을 받은 식문화의 공통적인 요소가 굳건히 남아 있다. 세계인들이 커다란 장벽을 느끼지 않고 낯선 음식인 K푸드를 즐긴다면, 거기에는 음식 문화와 인류의 공신화 과정에서 출현한 유전자의 역할이 크다고 보아야 할 것이다.

한식의 인기 속에 '한식 세계화'라는 말도 자주 나온다. 구체적인 방법으로 한식에 바탕을 둔 각종 퓨전 음식의 개발이라든가 외국인 입맛에 맞추기 위해 매운맛이나 강한 양념을 줄이는 방안 등등이 모색되기도 한다. 그런데 만약 누군가가 생물학자인 나에게 한식을 더 널리 세계로 전파하기 위해 가장 주목해야 할 점을 단 하나만 꼽으라고 한다면? 서슴없이 '함께 음식을 즐기는 문화'를 꼽을 것이다. 널리 알려진 김치나 비빔밥, 불고기 같은 대표 음식도 아니고, 발효나 염장 같은 전통 조리법도 아니고, 영양의 조화나 건강한 음식이라는 한식의 우수한 특성도 아니고 그저 '음식을 함께 즐기는 문화'라니?

앞에서 우리는 인류가 불로 요리를 하면서 생긴 신체적 변화, 관련 유전자의 변화를 살펴본 바 있다. 그런데 요리라는 음식 문화가 인간에게 미친 큰 영향은 신체적 변화에만 있는 것이 아니다. 신체 진화에 못지않게 음식 문화는 인간의 마인드 즉 협력과 사회성 발달에 지대한 역할을 했다.

불을 사용한 음식 조리는 생각보다 훨씬 까다롭고 다수의 협력이 필요한 작업이다. 우선, 적절한 식재료를 구해오는 동료가 있어야 한다. 불씨를 관리하고 조리하기 적당하게 모닥불을 피우거나 숯을 만드는 사람 또한 필수이다. 음식 재료를 소화하기 쉽고 탈이 나지 않게 다듬는 기술과 노하우는 공동체의 경험 전수를 통해 훈련이 가능한 일이다. 적절한 조리 도구를 만드는 것도 많은 사람의 협력 없이는 불가능하다. 요리 연구가인 페르난데스 아메스토는 이 모든 과정이 거주지에서 여러 사람의 집단 협업으로 진행되었음을 지적한다. 그는 또 요리가 준비되면 가족과 친척들이 음식을 나누는 일이 일어났을 가능성을 언급한다. 불을 사용한 조리를 시작하면서 음식 문화가 사회성을 띠게 된 것이다. 이는 동물이 각자 획득한 몫의 날 것을 개별적으로 먹는 행위와 대조된다. 늑대나 사자는 협동 사냥을 하지만 함께 음식을 만들거나 사이좋게 나누어 먹지 않는다. 서열이 낮은 동물은 우두머리가 배불리 먹고 남긴 것을 먹거나 모두가 몰려들어 사냥감을 뜯을 때 눈치를 보아 다리나 내장 한 점을 잽싸게 취할 뿐이다. 함께 조리하고 음식을 나누어 먹는 일이 반복되면서 인류는 꾸준히 협동성과 사회성이 향상되었다. 이것은 인류 진화에서 중요한 역할을 담당했다.

우리나라의 음식 문화에는 바로 이런 음식을 함께 준비하고 둘러앉아 즐겁게 같이 먹고 사회성을 다지는 문화 전통이 강하게 남아있다. 한민족은 명절마다 친척들이 모여 음식을 만들고 같이 먹었다. 겨울 동안 먹을 김치를 준비하는 김장은 유네스코에 인류무형문화유산으로 등재되기도 한, 가족 단위를 넘어서는 마을 차원의 행사였다. 이른바 K바비큐라 하여 식탁에 둘러앉아 불판에 고기를 굽고 반찬이며 된장찌개, 쌈 채소, 쌈장, 마늘, 파절이 등을 다 같이 공유하며 식사하는 모습은 외국인들, 특히 서양인들이 매우 놀라워하고 부러워하는 음식 문화이다. 당연히 이들에게도, 익혀 먹는 요리와 함께 진화한 사회성이 유전자에 새겨져 있을 것이다.

우리나라에서는 같이 사는 부모 형제나 혈연 또는 가까운 사람을 가리켜 '식구'라는 말을 오래전부터 사용해 왔다. 식구食口는, '한 솥밥을 먹는 식사 공동체'라는 의미이다. 한국인은 식구라는 말을 가족만이 아니라 함께 일하는 사람들, 소속을 둔 단체 성원 사이에서도 쓴다. 같이 활동하고 밥을 함께 먹는 사이는 가족이나 다름없다는 인식은 우리 사회에서 먹는 행위와 공동체 의식이 매우 밀접하게 관련되어 있음을 보여준다.

오늘날 핵가족도 이제 옛말이고 1인 가구가 대거 증가하여 사회는 자꾸만 원자화된 개인으로 존재하려는 경향성을 띤다. 한국의 1인 가구 비중은 전체 가구의 35%를 차지한다. 세 가구 중 한 가구는 오늘 저녁에도 '식구와 함께'가 아니라 TV나 유튜브에서 먹방을 보며 '혼자' 밥을 먹는다. 현대 물질문명의 눈부신 성과에도 불구하고 인류는 쌓아올린 생산물에 비례해 행복해진 것 같지는 않다. 인류의 사회성과 공동체성 발전에 많은 역할을 한 음식 문화가 점점 사라지는 현상도 주요한 원인 가운데 하나일 것이다.

참고문헌

복혜자 (2016) 한국의 음식문화와 스토리텔링, 백산출판사.
리처드 랭엄 (2009) 요리 본능, 조현욱 역, 사이언스북스.
마티 조프슨 (2017) 음식으로 보는 미래 과학, 엄성수 역, 동아엠앤비.
조너선 실버타운 (2017) 먹고 마시는 것들의 자연사, 노승영 역, 서해문집.
존 매퀘이드 (2015) 미각의 비밀, 이충호 역, 문학동네.

Andersen CA, Nielsen L, Møller S, Kidmose P (2020) Cortical Response to Fat Taste. *Chemical Senses* 45(4): 283–291.

Breslin PAS (2013) An Evolutionary Perspective on Food and Human Taste. *Current Biology* 23(9): PR409–R418.

Bushdid C, Mangnasco MO, Vosshall LB, A. Keller A (2014) Humans Can Discriminate More than 1 Trillion Olfactory Stimuli. *Science* 343(6177): 1370–1372.

Carmody RN, Dannemann M, Briggs AW, Nickel B, Groopman EE, Wrangham RW, Kelso J (2016) Genetic Evidence of Human Adaptation to a Cooked Diet. *Genome Biology and Evolution* 8(4): 1091–1103.

Carmody RN, Weintraub GS, Wrangham RW (2011) Energetic consequences of thermal and nonthermal food processing. *Proceedings of the National Academy of Sciences USA* 108 (48): 19199–19203.

Carstens E, Carstens MI, Dessirier J-M, O'Mahony M, Simons CT, Sudo M, Sudo S (2002) It hurts so good: oral irritation by spices and carbonated drinks and the underlying neural mechanisms. *Food Quality and Preference* 13(7–8): 431–443.

Carter K, Worthington S (2015) Morphologic and Demographic Predictors of Third Molar Agenesis. *Journal of Dental Research* 94: 886–894.

de Araujo IET, Kringelbach ML, Rolls ET, Hobden P (2003) Representation of umami taste in the human brain. *Journal of Neurophysiology* 90(1): 313–319.

Demi LM, Taylor BW, Reading BJ, Tordoff MG, Dunn RR (2021) Understanding the evolution of nutritive taste in animals: Insights from biological stoichiometry and nutritional geometry. *Ecology and Evolution* 11: 8441–8445.

Evenepoel P, Claus D, Geypens B, Hiele M, ..., Ghoos Y (1999) Amount and fate of egg protein escaping assimilation in the small intestine of humans. *American Journal of Physiology* 277(5): G934–943 doi: 10.1152/ajpgi.1999.277.5.G935.

Fernandez-Armesto F (2002) Civilizations: Culture, Ambition, and the

Transformation of Nature Paperback, Free Press.

Hellfritsch C, Brockhoff A, Stähler F, Meyerhof W, Hofmann T (2012) Human psychometric and taste receptor response to steviol glycosides. *Journal of Agricultural and Food Chemistry* 60(27): 6782–6793.

Jaime-Lara RB, Brooks BE, Vizioli C, Chiles M, ..., Joseph PV (2022) A systematic review of the biological mediators of fat taste and smell. *Physiological Reviews* 103(1): 855–918.

Koebnick C, Strassner C, Hoffmann I, Leitzmann C (1999) Consequences of a long-term raw food diet on body weight and menstruation: results of a questionnaire survey. *Annals of Nutrition and Metabolism* 43(2): 69–79.

Koschwanez JH, Foster KR, Murray AW (2011) Sucrose utilization in budding yeast as a model for the origin of undifferentiated multicellularity. *PLoS Biology* 9(8): e1001122. doi: 10.1371/journal.pbio.1001122.

Krebs JR (2009) The gourmet ape: evolution and human food preferences. *The American Journal of Clinical Nutrition* 90(3): 707S–711S.

Lacy SA, (2021) Evidence of Dental Agenesis in Late Pleistocene Homo. *International Journal of Paleopathology* 32: 103–110.

Milton K (1999) A hypothesis to explain the role of meat-eating in human evolution. *Evolutionary Anthropology* 8: 11–21.

Milton K (2003) The critical role played by animal source foods in human (Homo) evolution. *The Journal of Nutrition* 133(11 Suppl 2): 3886S–3892S.

Perry GH, Kistler L, Kelaita MA, Sams AJ (2015) Insights into Hominin Phenotypic and Dietary Evolution from Ancient DNA Sequence data. *Journal of Human Evolution* 79: 55–63.

Perry GH, Verrelli BC, Stone AC (2005) Comparative analyses reveal a complex history of molecular evolution for human *MYH16*. *Molecular Biology and Evolution* 22: 379–382.

Shelef LA (1984) Antimicrobial effects of spices. *Journal of Food Safety* 6(1): 29–44.

문화는 유전자를 춤추게 한다

Soranzo N, Bufe B, Sabeti PC, Wilson JF, ..., Goldstein DB (2005) Positive Selection on a High-Sensitivity Allele of the Human Bitter-Taste Receptor TAS2R16. *Current Biology* 15(14): 1257-1265.

Stedman HH, Kozyak BW, Nelson A, Thesier DM, ..., Mitchell MA (2004) Myosin gene mutation correlates with anatomical changes in the human lineage. *Nature* 428: 415-418.

Tan SP, van Wijk AJ, Prahl-Andersen B (2011) Severe hypodontia: identifying patterns of human tooth agenesis. *European Journal of Orthodontics* 33: 150-154.

Turner CE, Byblow WD, Stinear CM, Gant NR (2014) Carbohydrate in the mouth enhances activation of brain circuitry involved in motor performance and sensory perception. *Appetite* 80: 212-219.

Wrangham R, Conklin-Brittain N (2003) Cooking as a biological trait. *Comparative Biochemistry and Physiology Part A: Molecular & Integrative Physiology* 136(1): 35-46.

Zaika LL (1988) Spices and herbs: their antibmicrobial activity and its determination. *Journal of Food Safety* 9(2): 97-118.

3장

이기적 유전자는
어떻게
이타성을 낳았나

피는 물보다 진하다

공익을 먼저 생각해야 할 공직자나 정치인들이 이악스럽게 자기 이익만 챙기는 모습을 심심치 않게 보게 된다. 반면, 장애 시설에 거액을 기부하고 한사코 자신을 밝히지 않는 천사도 우리 사회에는 흔하다. 이런 양면성 앞에서 "인간은 이기적 존재인가, 아니면 이타적 존재인가?"처럼 성악설과 성선설 중 선택을 요구하는 질문은 무색해진다. 우리 인간은 이기적이면서 이타적인 존재이다. 이기적인 특성을 갖지 못했다면 우리의 조상은 살아남지 못했다. 한편, 이타적이지 않았다면 역시 생존은 물론 오늘날과 같은 성공적인 번영을 이루지 못했을 것이다.

자연이 제공한 환경은 엄혹하다. 모든 생물은 혹독한 환경을 극복해야 생존하고 자손을 얻는다. 이러한 상황에서 제 몸 보존하기도 쉽지 않은데 인간은 분명히 이타성을 지닌다. 어떻게 이타성이 출현했는지는 많은 과학자가 관심을 가진 주제이다. 이타성이 어느 날 갑자기 주어지지 않았다면 인간이 변화를 겪는 도중에 생겨났을 것이다. 이타성 역시 진화의 산물이다. 혈연선택, 호혜적 이타주의 등이 이타성 출현과 진화에 관한 적절한 해명을 제공한다. 더 나아가 인간의 경우, 평판을 중요시하는 간접적 호혜성이 중요한 역할을 한다. 이 과정에 문화와 유전자의 공진화가 작동하였고 인간의 공정성은 이타성을 세우는 토대가 되었다.

'다른 생물처럼 이기적인 유전자를 지닌 사람이 왜 이타적인 행동을 할까?' 인간 이타성에 관하여 여러 분야의 학자들은 연구를 거듭했다. 초기에 이 문제에 관심을 가진 학자들은 대부분 인간 이타성의 존재를 그냥 주어진 것으로 간주하고 다른 생물들과 구분되는 인간의 이타적 특징을 찾아내는 데에 주력했다. 이타성이 왜 그리고 어떤 과정을 거쳐 출현하게 되었는지는 한동안 공백으로 남았다. 이 와중에 진화학자들은 혈연선택에서 인간 이타성 진화의 가능성을 찾았고 그 의미와 한계를 알게 되었다.

집단 수준에서 일어날 일을 '사고 실험'을 통해 예측해 보면 이타성은 발붙일 곳이 없을 것만 같다. 한 집단 안에 어떤 구성원은 자신만을 위하는 이기적 유전자만을 보유하고, 다른 구성원은 집단을 위해 자신을 희생할 수 있는 이타적 유전자도 보유했다고 가정하자. 처음에 이 집단에 이타적인 구성원이 꽤 많았더라도 자연의 선택 압력 앞에 이들은 집단을 위해 희생하면서 차츰 감소할 것이다. 반면,

그들의 희생에 무임승차를 한 이기적 구성원들은 남아 그 비율이 점차 증가할 것이다. 이러한 일이 세대를 거듭해서 일어난다면 이 집단은 이기적 유전자(를 가진 구성원들)로 가득 찰 것이다. 이타적 유전자가 살아남는다는 것은 신기한 일이 아닐 수 없다. 하지만, 우리 인간은 물론 여러 동물 종이 이타성을 나타내는 것도 엄연한 사실이다. 다윈은 이 모순에 관한 적절한 설명이 필요함을 알았지만, 마땅히 해명하지 못했다.[13] 20세기에 들어서야 후배 생물학자들이 이타성 해명에 진전을 이루게 되었다. 옥스퍼드대학교의 진화생물학자 윌리엄 해밀턴은 동물의 이타성을 설명하기 위하여 유전자에 주목하였다. 그는 유전자 전달에 관한 법칙을 'C 〈 Br'이라는 수식으로 정리하였다. 이 식의 C는 비용, B는 이익(자손의 수), r은 혈연계수(유전적 관련성)를 나타낸다. 비용(때로는 희생)보다 이익(자손의 번식)이 크다면 누구나 행동에 나설 수 있다. 자신과 유사한 유전자를 많이 남길 수 있다면 다른 개체를 위해 희생도 감수할 수 있다는 것이다. 이것이 바로 '혈연선택'의 개념이다. 생물학에서는 생물이 번식을 이룬 정도, 즉 남긴 자손의 수를 적응도fitness로 표시한다. 유전자의 최종 목적은 적응도를 높이는 것이다. 자신을 희생하더라도 유전자 일부를 공유한 친척들

---

13. 어쨌든, 다윈은 이타성에 관하여 자신만의 견해를 남겨 놓았는데 이 견해는 1971년에 출판한 『The Descent of Man, and Selection in Relation to Sex』(국내에는 『인간의 유래』라는 제목으로 번역 출판됨)에서 찾아볼 수 있다. 드 발의 주장에 따르면, 다윈은 이타주의가 이기주의의 발전된 형태가 아닌 심리적 차원에서 순수하게 잠재되어 있다고 보았다.

을 통해 더 많은 유전자를 퍼뜨릴 수 있다면 적응도는 더 높아진다. 유전자 입장에서는 '남는 장사'이다. 영국의 유명한 수학자이자 진화생물학자인 존 홀데인은 이를 "8명의 사촌이 생존할 수 있다면, 내 목숨도 아깝지 않다"라고 표현하였다.

홀데인이 왜 8명의 사촌과 비교했는지 살펴보자. 어떤 사람이든 부모와는 1/2, 형제와는 평균적으로 1/2 정도 유전자를 공유한다. 부모(1촌)의 형제(2촌)의 자손(1촌)인 사촌과는 $1/2 \times 1/2 \times 1/2 = 1/8$의 유전자를 공유한다. 이는 8명의 사촌과 자신은 거의 같은 비율의 유전자를 공유함을 의미한다. 따라서 자신을 희생해서 8명 이상의 사촌을 살릴 수 있다면, 생존하여 자기 유전자를 온전히 지키는 것 이상의 효과를 얻을 수 있는 셈이다.

혈연선택의 예는 상당히 많다. 벨딩땅다람쥐는 포식자가 접근하면 같은 땅굴에 기거하는 동료들을 보호하기 위해 위험을 알리는 경고음을 낸다. 경고음을 들은 다른 다람쥐들은 땅굴로 피해 살아남지만, 소리를 낸 다람쥐는 포식자의 먹이가 되기 쉽다. 이렇게 희생된 벨딩땅다람쥐들은 해당 땅굴에서 태어나 계속 성장한 것으로 보아 서로 가까운 친척임을 알 수 있다. 벨딩땅다람쥐는 혈연선택의 대표적인 예로 많이 인용되는데 사회성 곤충, 즉 벌, 말벌, 개미나 벌거숭이두더지쥐는 물론 침팬지 등 영장류 등도 마찬가지이다.

사람의 경우, 문화 속에서 그 흔적을 발견할 수 있다. UCLA에서 진화를 연구하는 펠란이 묘사한 한 연구 결과는 인간의 혈연선택을 명확히 보여준다. 연구 결과에 따르면, 1,000명의 유언장을 분석

문화는 유전자를 춤추게 한다

한 결과, 유산 분배의 대상으로 형제자매와 자손이 46%, 배우자는 37%, 이복 또는 동복 형제와 손자 그리고 조카는 8%, 사촌과 먼 친척은 1%, 비친척은 8%를 차지했다. 결국, 유전적 혈연 또는 배우자가 유산 상속 대상의 92%에 해당한다. 배우자는 유전자 공유가 없지 않은가? 하는 의문이 들 수 있다. 배우자에게 분배한 유산은 내 자손을 양육하는 데 쓰이거나, 배우자도 사망한 뒤에는 내 자손에게 다시 상속된다. 유산 분배의 이러한 관행을 반영하듯, 유언장 없이 유산을 남긴 경우, 정부는 유전적으로 가까운 정도에 따라 유산을 배분한다.

양부모 아래에서 자란 아이들이 친부모 아래에서 자란 아이들보다 더 많이 다치거나 목숨을 잃는 '신데렐라 증후군'도 혈연선택을 입증하는 예이다. 미취학 아동의 학대 빈도수를 추적한 미국의 한 조사에 따르면, 친부모와 같이 사는 경우, 그 빈도가 3,000명 중 1명이라면, 의붓부모와 같이 사는 경우는 3,000명 중 40명이었다. 혈연선택이라는 생물학적 과정이 인간 사회에서 자연스레 혈연을 위하는 문화를 만든 것이다.

이타성을 설명하는 데에 혈연선택이 지니는 한계와 의미는 무엇일까? 혈연선택은 가족과 친족을 향한 이타성에 국한된다. 이는 결국 자신의 유전자를 널리 남기기 위함이고 친족이 아닌 사람들에 대한 이타성은 포함하지 않음을 뜻한다. 혈연선택은 인간이 지닌 보편적인 이타성을 설명하기에는 부족해 보인다.

혈연선택이 친족을 향한 것이지만 '개체가 자신이 아닌 타 개체를 위하여' 행동한다는 점은 의미가 있다. 모종의 여건이 갖추어진다면 혈연이 아닌 다른 개체를 향해서도 이타성이 작동할 잠재성이 있다는 의미이다. 생물학적으로는 혈연을 위해 작동하는 유전자가 돌연변이를 통해 더 넓은 범위의 사람을 위해 작용하는 유전자로 바뀌는 것이다. 다윈도 "… 어버이로서의 감정을 가지고 인간 정도의 지적 능력을 지니게 되는 순간 도덕적 감각, 또는 양심을 갖게 된다"고 하였다. '도덕적 감각 또는 양심'은 비친족에 대한 이타성이 생기기 위한 전제 조건이라 할 수 있다. 인간의 이타성이 어디에서 갑자기 튀어나온 것이 아니라면, 혈연 범위 밖의 사람들을 대상으로 한 이타적 행동은 혈연을 향한 이타성에서 유래했을 가능성이 높다. 사회에서 친해진 사람들을 부를 때 형 동생으로 칭하거나 부모 자식 관계를 만드는 언행은 어쩌면 이를 반영한 자연스러운 현상으로 보인다.

받은 대로 은혜를 갚는 호혜적 이타주의

미국의 진화생물학자인 로버트 트리버스는 혈연을 넘어서는 이타성을 설명하기 위하여 '호혜적 이타주의'라는 개념을 제안했다. 호혜적 이타주의는 혈연 또는 친족을 향한 이타성을 비혈연 또는 비친족으로 더 확대한 개념으로 이타성의 보편적 특징을 설명한다. 다만, 이 개념을 일정 규모 이상의 인간 집단에 적용하기 위해서는 추가로 고려할 점이 있다.

호혜적 이타주의의 대표적인 예는 소설이나 영화 〈드라큘라〉

문화는 유전자를 춤추게 한다

탄생에 영감을 제공한 흡혈박쥐이다. 흡혈박쥐는 혈연 여부와 관계없이 성체 8~12마리가 모여 동굴이나 속이 빈 나무에서 서식한다. 이들은 엄지손가락만 한 크기로 물질 대사율이 매우 커서 매일 자신의 몸무게만큼 혈액을 먹어야 하며 60시간 정도 먹지 못하면 굶어 죽는다. 문제는 이들이 사냥에 항상 성공하지는 못한다는 점이다. 이 어려움을 흡혈박쥐는 혈액을 얻은 박쥐가 그렇지 못한 박쥐에게 혈액을 토해 주어 해결한다. 도움을 받은 박쥐는 나중에 도움을 준 박쥐에게 보답한다. 박쥐 사이에서 이 과정은 반복되므로 누구에게 도움을 받았는지 판별하는 능력이 중요하다.

늑대, 버빗원숭이[14] 등 몇몇 영장류에서 발견되지만, 호혜적 이타주의 사례는 혈연선택에 비해 드문 편이다. 그 이유는 호혜적 이타주의가 성립하려면 몇 가지 조건이 충족되어야 하기 때문이다. 첫째, 상호작용은 반복적이어야 한다. 흡혈박쥐의 경우, 서로 혈액을 매일 주고받는 일이 일상이다. 둘째, 수혜자의 이득이 기증자가 감당하는 손실보다 훨씬 커야 한다. 사냥에 실패한 박쥐는 굶어 죽을 절박한 상황이지만 사냥에 성공한 박쥐는 그저 남는 혈액을 상대에게 제공하는 정도이다. 마지막으로 보답하지 않는 사기꾼(또는 무임승차자)을 가려내야 한다. 혈액을 제공했는데 필요할 때 보답하지 않는 상대를

---

14. 버빗원숭이는 먹이를 찾거나 교미할 때를 제외한 많은 시간을 서로 털에서 기생충을 골라주며 시간을 보내는데 종종 비친족 원숭이의 털을 고르기도 한다. 털을 골라준 원숭이가 나중에 필요할 경우, 털 고름을 받은 개체에 도움을 요청하곤 한다.

가려내고 보복 대응을 해야 한다. 흡혈박쥐는 몸에 비해 뇌, 특히 신피질이 큰데 이유가 바로 박쥐 개체들을 분별하기 위한 중추가 필요하기 때문이다.

인간은 어떠했을까. 인간이 가족과 혈연 그리고 몇몇 친척이 아닌 사람들 등 소수의 사람으로만 집단을 이루어 생존하였던 초기 수렵채집 시기에는 이 세 가지 조건이 쉽게 충족되었다. 사냥과 채집에 성공한 사람과 그렇지 못한 사람은 다음을 대비하여 서로 주고받으면서 살았다. 작은 규모의 집단에서 협력과 호의는 서로 쉽게 파악되어 호혜성은 직접적으로 충분히 작동하였다. 인류는 점차 자연의 지배종이 되면서 수렵채집 사회를 이루는 구성원들의 수가 10배, 100배로 증가했으며 농업이 시작되어 촌락이 생기고 현재의 메가시티에 이르기까지 최대 수천만에 이를 만큼 기하급수적으로 늘어났다. 이제 호혜적 이타주의는 직접적인 양상에서 벗어나 영향을 미치는 범위를 한층 확장한 간접적인 호혜성indirect reciprocity으로 발전해야 했다.

공정성은 타고나는가, 학습의 결과인가

호혜적 이타주의가 내게 도움을 준 이에게 직접 보답을 하는 것이라면, 간접적 호혜성은 대폭 늘어난 인간관계 속에서 A는 B를, B는 C를, C는 다시 A를 돕는 식으로 호의와 도움이 집단 전체에 통용되는 방식을 말한다. 간접적 호혜성이 제대로 작동하려면 상호 신뢰만으로는 부족하고 신뢰를 어긴 사람에 대한 제재 수단이 필요하다. 즉 무임승차자를 제재하는 메커니즘이 요구되는 것이다. 그런데 누가 무임승차자인지는 어떻게 가려낼까? 그 기준이 바로 공정함의 문제이다.

공정성의 기원에 관한 관심은 영장류를 비롯한 동물을 대상으로 한 연구로 이어졌다. 미국 에모리대학교 영장류학자이자 동물행동학자인 프란스 드 발은 침팬지, 꼬리감기원숭이, 개 등의 행동을 관찰하여 여러 동물에게 공정성이 있음을 주장했다. 이에 대응하여 듀크대학교에서 심리학과 인간 진화를 연구하는 마이클 토마셀로는 동물의 행동을 공정성의 결과로 해석할 수 없다고 주장했다. 인간의 공정성 기원과 관련하여 이 다툼은 더 지켜볼 일이다. 어쨌든 많은 연구에 따르면 인간은 공정성을 타고난다.

프랑스 리옹대학교의 신경생물학자 반 더 헨스트가 이끄는 연구팀은 아이들을 대상으로 공정성에 관한 연구를 실시한 바 있다. 이들은 3~8세 사이의 아이들을 대상으로 가지고 있는 것을 '주기 또는 빼앗기' 실험을 진행한 결과, 5세 무렵부터 불평등을 인식하여 '정의'에 대한 개념을 알게 된다고 주장하였다. 이처럼 특별한 교육을 받지 않은 상태에서도 어린이들이 정의 또는 평등의 개념을 지니고 있다는 연구들은 꽤 많다. 예를 들어, 토마셀로 연구팀은 자원을 공평하게 공유하는지를 연구한 결과, 3세 나이에도 아이들은 공정한 분배에 대한 개념을 지닌 것으로 보인다고 결론을 내렸다.

독일 홈볼트대학교의 베르너 귀스 교수 연구팀은 최후통첩 게임ultimatum game을 고안했는데 이후 많은 학자가 이 게임을 여러 연구에 사용하였다. 이 게임은 다음과 같다. 게임 참여자 A가 있다고 가정하자. A는 게임 제안자로부터 일정 금액을 받은 뒤 그 금액을 다른 사람에게 분배 정도를 제안하여 상대방의 허락을 받아야 최종적으로 돈을 받을 수 있다. 이 상대방을 B라 하자. B는 A의 분배 제안을 받아들이거나 거절할 수 있다. B가 수락하면 그 비율에 따라 A와 B는 돈을 받지만 B가 거절하면 둘 다 돈을 가질 수 없다.

단순히 경제적인 이익만을 최우선으로 본다면 B 입장에서는 설령 A가 99:1의 분배를 제안하더라도 1만 받아도 이득이다. 실험을 많이 반복한 결과, 대체적인 양상은 A가 5:5나 6:4를 제안한 경우, B의 수락으로 양자가 모두 돈을 받았지만, 8:2 또는 그 이상으로 A에게 유리한 제안을 하면 B의 거부로 인해 두 사람 모두 돈을 받을 수 없었다.[15] 이 게임에서 불공평한 비율을 제안받은 많은 문화권의 사람들이 경멸과 분노 등의 감정을 나타냈다. 최후통첩 게임 실험 참가자들의 뇌 전측뇌섬엽을 스캔하여 조사한 연구에 따르면, 불공평한 제안을 받은 사람들은 이 감정의 중추가 활발해졌다. 이 결과들은 사람들이 경제적 합리성 이상으로 분배의 공정성을 중요하게 생각하며 또한 공정성 관념을 본능적으로 갖고 있다는 주장에도 힘을 더해

---

15. 대부분의 문화권에서 이러한 특징이 나타나지만, 일부 문화권의 경우, 대가 없이는 조금의 돈이라도 받는 것을 거절하기도 한다.

문화는 유전자를 춤추게 한다

준다.

여러 영역에서 '타고난 공정성'을 지지하는 관측과 실험이 보고되었다. 심리학자인 뉴욕대학교의 조너선 하이트는 누구나 선뜻 동의할 수밖에 없는 상황을 예로 들어 도덕적 결정은 직관에서 나온다고 하였다. 경제학자들은 사람들이 이윤 추구 이외에도 협력적이고 이타적인 측면이 있음을 알게 되었다. 신경생물학자들도 우리의 뇌가 다른 사람의 고통을 느끼게끔 선천적으로 타고났다고 주장한다.

공정성의 출현과 작동은 무임승차자 제재와 연결된다. 호혜적 이타주의나 간접적 호혜성이 작동하는 사회 즉, 대부분 상대에게 호의를 베푸는 것이 상식인 사회에서, 무임승차자는 언제든지 발생할 수 있다. 얌체 같은 사람들은 남의 호의는 얻고 보답은 하지 않음으로써 손쉽게 이득을 취한다. 이들에 대한 적절한 제재가 없으면 기회주의자들의 수가 늘어날 것이다. 그 결과, 이타주의가 잘 작동되지 않게 되어 구성원들이 피해를 봄은 물론 집단 전체의 존속이 위험해질 수도 있다. 무임승차자에 대한 대응은 호혜성에 기초한 이타적인 사회 유지에 매우 중요하다.

침팬지와 고릴라 등을 대상으로 한 연구에 따르면, 이들에게서 무임승차자에 대한 제재 행동은 발견하기 어렵다. 이 점은 침팬지를 비롯한 유인원은 공감 능력은 몰라도 공정성은 지니지 않은 것임을 나타낸다고 할 수 있다. 인간은 다르다. 아동을 대상으로 비슷한 상황을 부여하면, 아이들은 무임승차자를 적극적으로 배제했다. 여러 연구는 또 어린이들이 협동의 결과물을 동등하게 분배하려는 경향이 아주 강함을 보여준다. 우리 조상들의 경우 수렵채집 시절에 이미 사냥 기술과 함께 발전한 살상 무기로 구성원 각자 무장할 수 있게 되어 하위에 있는 사람들도 사기꾼이나 심지어 공정성을 결여한 권력자를 대상으로 이전과 비교해 더 심각하고 치명적인 보복이 가능해지면서 무임승차자에 대한 처벌이 강화되었다. 현존하는 수렵채집 사회에 관한 여러 연구에서도 집단 구성원들이 기회주의자나 사기꾼에게 집단적인 제재를 가하는 실례를 보고하고 있다.

이처럼 인간이 집단 차원에서 공정성에 관한 관심이 증가한 것은 집단 구성원 모두에게 적용되는 도덕성의 발전과 연결된다. 자연스럽게 사회 내에는 이러한 공정성과 도덕성의 특징을 수용한 제도적 장치가 증가한다. 이러한 상승 작용이 반복되어 인간은 대폭 커진 문화의 영향 속에서 다른 종이 경험하지 못한 도덕적인 사회생활을 경험하게 된다.

공정성을 추구하거나 무임승차자 또는 집단에 위해를 가하는 소수의 전횡을 견제하는 일은 인간 사회의 정치적 발전에 중요한 동력이기도 하다. 어떤 권력자든 인간이 걸어온 이 길을 모르거나 무시한다면 종종 비참한 말로를 겪곤 했다. 공정성과 평등함에 대한 지향으로 말하자면 한국인들은 세계적으로도 단연 선두에 속한다. 한국 현대사는 불공정한 권력의 독단과 싸워온 역사에 다름 아니다. 1987년 6월 항쟁에 의한 전두환 군사 정권 심판, 2016년 박근혜 대통령을 파면시킨 촛불항쟁, 2024년 12.3 계엄으로 헌법을 파괴하고 내란을 일으킨 윤석열 대통령을 몸으로 저지하고 끝내 파면시킨 이

문화는 유전자를 춤추게 한다

른바 '빛의 혁명'까지 이 전통은 면면히 이어지고 있다. 군이 현대의 민주주의 제도나 헌법이라는 틀을 떠나서 고찰하더라도 한국 현대사의 이 권력자들은 수만 년 전 구석기 시대 수렵채집인들도 이미 터득하고 집단적 제도로 정착시켰던 공정성과 도덕의 기초를 거꾸로 거스른 사람들이라는 비난을 면하기 어렵다.

간접적 호혜성이 작동하는 사회

간접적 호혜성이 작동하기 시작하면서 사람들은 타고난 이타성을 소규모 사회 속의 조상들보다 더 많은 사람에게 발휘하게 되었다. 많은 사회문화적 장치는 이러한 요구에 따라 만들어지고 작동한다. 이렇게 조성된 사회문화적 장치는 또한 그에 부응하는 유전자의 번창을 직간접적으로 유도하는 환경, 즉 선택압으로 작용하게 되었다.

간접적 호혜성은 최근까지도 수렵채집 생활을 하는 부족 사회에서 관찰된다. 아시아, 호주, 아메리카, 아프리카, 극지방의 10개 수렵채집인 집단을 조사한 결과에 따르면, 집단 구성원들은 우선은 친족에게 가장 많이 도움을 제공하지만, 보상받을 보장이 없는 비친족 구성원들에게도 상당한 도움을 제공하였다. 또한, 연구사들은 이 사람들이 협동을 장기적으로 유지하고, 도움이 필요한 사람에게 이해관계를 따지지 않고 돕는 등 이타적 행위를 한다는 결론에 이르게 되었다.

이타적 행위의 근원은 현존하는 수렵채집인이 사냥한 동물을 모든 구성원에게 분배하는 평등주의적인 특징에서 찾아볼 수 있다. 수렵채집 집단의 구성원들은 자신들이 속한 집단에 사냥꾼이 많아지면 얻게 될 장점을 안다. 이는 당연하다. 늘어난 사냥꾼들 덕분에 누구라도 사냥에 성공하는 날이 더 많아질 것이고 누가 사냥에 성공했든 구성원들이 공유할 커다란 동물 먹거리를 더 자주 얻을 가능성이 크기 때문이다. 먹거리가 전혀 없는 기간이 줄어들 것이고 단백질을 얻을 기회는 늘어날 것이다. 이런 일은 반복되어, 구성원들은 "내가 오늘 누군가에 베푼다면, 내가 도움이 필요할 때 누군가는 나에게 베풀 것이다."라는 생각이 자연스럽게 각인되었다. 여기서부터 간접적 호혜성이 출현했을 가능성이 크다. 수렵채집 사회에서 구성원들은 비친족을 향한 이타심을 선호하는 경향을 나타냈고 사회 속에서 이 경향은 의도적으로 강화된 것으로 보인다.

선행과 그에 따른 간접적인 보상이 반복되면 선행에 인색한 사람보다 타인에게 이타성을 보이는 사람 그리고 이타적인 사람에게 호의적으로 보답한 사람들이 생존에 유리해지고 결과적으로 그들의 자손이 늘어나는, 생물학적으로 말하자면 '적응도가 올라가는' 진화가 일어난다. 이렇게 되면, 집단 내에 선행을 베푸는 사람과 이 사람을 지지하는 사람의 수가 점점 늘어난다. 이 과정에서 출현한 사회적 규범이나 도덕 등 문화적 장치는 간접적 호혜성 정착에 더욱 박차를 가하는 환경으로 작용한다. 결국, 인간 사회는 이타성을 보이는 사람들의 비중이 늘어나 간접적 호혜성이 자리를 잡게 되는 것이다.

문화는 유전자를 춤추게 한다

간접적 호혜성은 현존하는 수렵채집 집단에서도 발견할 수 있다. 아프리카 남부에 살며 흡착어를 사용하는 쿵(산)족의 경우, 중요하게 생각하는 배우자 미덕은 나이, 결혼 상태, 사냥 실력, 가족을 먹여 살리려는 책임감은 물론 잘 협력하고 타인에게 너그럽고 공격적이지 않아야 한다는 점이다. 탄자니아 북부에서 수렵채집 생활을 유지하는 하드자족을 대상으로 한 연구 결과도 마찬가지이다.

간접적 호혜성이 보편화된 시기에 관해서는 연구자들 간에 이견이 있다. 일부 학자들은 도구를 사용하면서 협업을 통해 집단적으로 큰 동물을 사냥하고 노획물을 평등주의적으로 분배할 필요가 있었던 180만 년 전의 호모 에렉투스부터일 것이라 추론한다. 다른 견해도 있다. 사람들 사이의 상호작용으로, 추상적 사고가 가능하여 타인과 자신에 대한 인식이 더욱 발달한 약 5만 년 전부터 간접적 호혜성이 확실히 자리를 잡았다는 것이다.[16] 두 견해 사이의 시간 차는 너무나 크다. 앞으로 진화학계, 인류학계, 고고학계, 심리학계 등이 학제를 넘나드는 협업을 통해 연구하고 풀어야 할 과제이다.

---

16. 여러 연구는 이 시기에 '문화적 현대성'이 출현했다고 간주한다. 학자들에 따르면, 문화적 현대성은 활과 화살의 발명과 같은 기술 혁신, 뼈와 돌 조각이나 동굴 벽화에서 볼 수 있는 추상성 묘사, 옷과 장신구를 포함한 개인의 장신구 등의 특징이 나타난 현상을 말한다. 획기적으로 늘어난 사회적 교류 (또는 경쟁) 때문에 뇌 발달이 극도로 이루어져 이처럼 이전과는 다른 가능성을 나타낸 것이다. 이때의 유적으로 추정되는 여러 예술품은 타인과 자신에 대한 인식이 더 발달한 증거로 간주된다. 이러한 문화적 특징은 현대 인류와 비슷하므로 '현대성'이라 하였다.

뒷담화와 평판의 등장

간접적 호혜성이 작용하는 사회가 되면 누가 이타적 행동을 했는지 아는 것이 중요해진다. 타인에 대한 평가와 판별을 의미하는 '평판'이 등장하는 것이다. 오늘날에는 다양한 소통 수단이 발달하고 정치, 사법, 언론, 매체 등 사회적 장치들이 갖춰져 평판 작업이 대대적으로 이루어지고 있다. 평판(에 의한 선택)은 인류 유전자 풀의 특정한 행동적 측면을 형성하는 강력한 문화 요인이 되었다. 사람들은 평판의 중요성을 의식하여 사회가 제공한 문화적 장치를 활용하고 배우기 위해 노력하였다.

평판의 중요성이 인간 사회에서 확대된 과정을 살펴보자. 아프리카 남부의 산San족이나 중앙 아프리카에 거주하는 피그미족 등은 사냥 중에 또 사냥이 끝난 후에도 끊임없이 타인에 대해 수다를 떤다. 일종의 뒷담화 속에 타인에 대한 평판 작업이 이루어지는 것이다. 누군가 잘못을 저질렀을 경우 수다 속에서 집단적인 분노가 고양되면 배척이나 심지어 처형으로 이어질 수 있으므로 집단의 의견은 구성원들에게 두려움의 대상이다. 서던캘리포니아대학교에 문화인류학을 연구한 크리스토퍼 보엠에 따르면, 이는 모든 수렵채집 집단에서 공통으로 발견할 수 있는 문화이다. 그는 실제로 여러 수렵채집 집단에서 일탈자들을 제거한 자료를 제시하면서 이러한 사회적 선택은 1,000세대 그러니까 약 2만 년 이상 반복적으로 지속되었다고 주장한다. 예를 들어, 악의적인 마법을 동원한 위협, 반복적인 살인,

문화는 유전자를 춤추게 한다

폭군 같은 행동, 근친상간, 간통, 터부에 대한 위반 등 집단을 위협하거나 교활한 일탈, 성적 범죄 등이 단죄 대상이었다.

SNS와 각종 언론 매체가 존재하지 않았던 수렵채집 사회에서 평판이 이루어지는 가장 긴요한 수단은 사람들 사이의 '잡담'이었다. 잡담은 동료를 평가할 뿐만 아니라 사회생활에서 무엇이 유용하고 또 파괴적인지를 직관적으로 숙고하게 해준다. 인류는 얼마나 오랜 시간을 이 잡담에 사용할까? 생물 인류학자 로빈 던바는 집단의 규모와 머리뼈 용적 사이, 집단 규모와 몸치장 시간 등의 상관관계를 측정해 유인원들이 상호작용에 사용한 시간을 추론했는데 대체적으로 뇌 용적 증가에 비례하여 잡담 시간이 늘어난 것으로 보이는 유의미한 상관관계가 발견되었다. 우리의 두뇌는 동료들끼리의 끊임없는 수다에 적합하도록 발전했다고도 말할 수 있다. 던바는 또 이 추론을 현생 인류와 조상 호미닌에게도 확장 적용했는데 그 결과, 사회적 상호작용 시간이 초기 호미닌은 하루에 최대 2시간, 현생 인류는 최대 5시간 정도였다고 한다. 인간의 조상들에게 잡담은 현실을 확인하고 소식을 전하며 합의를 구축하는 수단이었다. 예를 들어, "그 인간이 이상한 거야, 아님, 내가 멍청한 거야?", "그 친구는 어제 모두 사냥 나갈 때에도 또 살짝 빠지더군", "아무래도, 걔는 좀 손을 봐야 하지 않을까?" 등등.

평판이 나쁜 사람은 원시 사회에서는 따돌림을 당하거나 죽을 수도 있었다. 현대 사회의 경우, 법적 심판 등 한층 정교해진 판단 절차를 더 거치긴 하지만, 결과적으로 평판 불량자들은 교도소에 갇히는 등 사회로부터 격리되면서 번식 성공률이 상당히 줄어들 것이다. 이런 조건에서 사회 구성원들은 의식적으로 행동을 조정하게 된다. 잡담과 평판이라는 출입문을 잘 통과한 사회 구성원들은 살아남고 유전자를 자손에게 남길 수 있었다. 즉, 평판 문화가 유전자를 선택한 것이다.

초기 인류는 가족이 아닌 사람에게 호의를 베푸는 데는 인색했을 것이다. 혈연선택이 이루어지는 정도의 사회에서 호혜적 이타주의를 거쳐 점차 간접적 호혜성이 통용되고 평판이 대단히 중요한 사회로 발전하기까지에는 문화가 대단히 중요한 역할을 담당했다. 많은 종교의 초기 경전과 가르침에는 간접적 호혜성과 평판의 중요성을 강조하는 황금률이 포함되어 있다. 예를 들자면, '남에게 바라는 만큼 너도 베풀라'라는 가르침이 그러하다. 종교는 인간이 만든 문화 가운데 특히 도덕적 계도와 강제 기능이 강한 문화이다. 이기적인 측면이 강한 인간의 본성이 이 황금률로 인해 상당히 제어되는 효과가 있었을 것이다.

구석기 시대에 사냥을 하면서 또는 동굴에 불을 지피고 둘러앉아 두런두런 이어지던 평판 작업의 속성은 오늘날 도덕의 기준이 되기도 하고 유튜브, 페이스북, 인스타그램 등 각종 개인 미디어와 SNS의 중요한 기능으로 승계되고 있다. 더 나아가서 교육, 법률, 정치 등의 제도 안에 정착되면서 인간 문화의 중요한 기둥으로 자리 잡고 있는 것이다.

평판에서 K드라마까지

　우리는 평판에 민감해질 수밖에 없었던 조상의 특징을 물려받았다. 인간 사회에서 평판이 중요해지면서 많은 문화적 장치가 출현하였다. 레거시 언론, 온라인 매체, SNS 등은 평판 현장에서 일정 정도 역할을 한다. 교육이나 정치, 법률 등의 제도적 장치 또한 평판의 중요성을 학습시키고 강조하거나 심판하는 장치이기도 하다. 평판이 중요한 만큼, 사람들은 여러 방식으로 모범적 사례를 따라 배우고 학습하기도 한다. 이야기, 소설, 연극 등은 물론, 영화와 드라마 등 영상 콘텐츠가 대중을 사로잡는 이유가 바로 이들이 사람들의 삶을 들여다보고 이해하게 하는 중요한 수단이기 때문이다.

　수학이나 물리학, 철학에는 별 흥미를 느끼지 않거나 어려워하는 사람이 많지만, 드라마에 시큰둥하거나 어려워서 이해를 못 하겠다는 사람은 거의 없다. 이런 맥락에서 보면, K드라마가 세계적으로 각광 받는 주요한 이유 하나를 알게 된다. 예를 들어, 드라마 〈대장금〉은 해외에 수출되어 인도네시아에서 30%, 홍콩에서 47%, 이란에서 80%, 터키에서 98%, 스리랑카에서 99% 등 엄청난 시청률을 기록했다. 이런 인기는 최근까지도 이어져 〈오징어 게임〉을 비롯한 많은 드라마가 연이어 여러 OTT에서 세계적인 인기를 읻고 있다. 이 인기 비결에 대해 이란의 한 매체는, 〈대장금〉의 성공은 '가족이 시청하기에 적절하고 문화적 이질성이 크지 않으며 공동체에의 헌신, 가족에 대한 사랑 등 자신의 이야기로 느껴지는 보편적 교훈이

와닿기 때문'이라고 분석한다.

K드라마 성공에는 분명히 다양한 장르의 시도, 개연성이 큰 줄거리와 발달한 연출 기법 등 보편적 요인이 큰 몫을 하였다. 여기에 더하여 많은 비평가나 해외 시청자들은 유독 한국 드라마가 인간관계나 사람들 사이의 감정 표현에 뛰어나다고 감탄하곤 한다. 스탠퍼드대학교 동아시아언어문화학과의 대프나 주어 교수는 "한국 드라마는 가장 냉담한 억만장자조차 인간화하여 관객의 관심을 끈다"라면서 K드라마가 지닌 특징을 '인간화된humanize'으로 요약하기도 하였다.[17]

K드라마의 약진은 세계의 대중문화를 주도하는 미국이 안정적 흥행을 추구하면서 놓친 인간의 중요한 속성을 잘 다루기 때문일 수도 있다. 한류 이전에 세계를 장악했던 할리우드의 행보를 지켜보면 어느 순간부터 인간 사이의 다양하고 섬세한 관계의 색채가 사라졌음을 알 수 있다. 미국 영화는 2차대전을 지나면서 세계를 장악하는 문화산업이 되었다. 본격적으로 영화산업이 성장하면서 할리우드는 점점 대형화되고 블록버스터를 지향했다. 더 많은 인기와 성공을 위해 점점 더 화려한 볼거리, 예를 들어, 액션과 특수 효과, 스펙터클한

---

17. 이에 더해, 문화평론가 정덕현은 서구에서 천천히 이루어진 자본주의화와 그에 따른 모순의 축적 과정이 우리나라에서는 급속하게 이루어진 점을 지적한다. 많은 K드라마는 압축된 모순으로 인한 '첨예한 갈등을 직설적으로 꼬집는'다는 것이다. 그 결과, 서구인들은 K드라마를 통해 자신들도 같은 문제를 겪고 있음을 뒤늦게 깨닫게 된다고 주장한다.

문화는 유전자를 춤추게 한다

화면, 그리고 성공 확률이 큰 비슷비슷한 이야기 구성에 근거한 콘텐츠에 치중하게 된 것이다. 이 과정에서 할리우드 영화는 인간 이타성이 진화하면서 얻게 된 인간관계의 다면적인 성찰에서는 멀어지고 획일화되는 경향을 띠게 되었다. 수다와 평판을 거쳐 진화해 온 인간의 역사는 규모와 볼거리에 집착한 할할리우드의 퇴조 이유를 잘 알려준다.

K드라마나 영화는 할리우드가 점차 간과하게 된 인간 사이의 다양한 관계, 상호 교류와 이해의 복잡하고도 풍부한 디테일과 감정선에 강하다는 커다란 장점을 지니고 있다. 인기가 높아지면서 앞으로 우리 드라마나 영화도 필연적으로 제작비도 올라가고 대규모화할 가능성이 높지만, 할리우드와의 이 비교우위를 결코 놓치지 않기를 바라는 마음이다.

이타성 유전자를 찾기 위한 조건

인간 이타성의 진화는 이타성 발현을 담당하는 유전자의 변화를 동반한다. 이타성 발현 유전자라니? 선뜻 다가오지도 않고 존재하는지 헷갈리기도 한다. 이타성이 인간의 특징이리면 이를 담당하는 유전자가 있을 것이고 이타성이 세대를 거듭해서 나타났음을 사고해 보면 이타성 유전자의 진화는 오히려 당연할 것이다. 다만 '이타성 유전자'가 이타성만을 관장하는 어떤 단일한 유전자로 존재하기보다는 사람의 생각과 행동에 관여하는 여러 신체 부위에서 특정한 기능을 수행하는 유전자로 다양하게 존재하고 이들 기능이 합쳐져 이타적 행동을 지향한다고 보면 이해가 빠를 것이다.

이타성 유전자의 특징은 무엇일까? 캐나다의 사이먼프레이저 대학교의 생물학자 버나드 크레스피는 이타성 유전자의 자격 또는 특징 일곱 가지를 제시하였는데 이를 요약하면 다음과 같다. 우선, 이 유전자들은 사회성 곤충이 여왕을 돕는 것처럼 혈연선택을 도울 것이다. 이를 위한 유전자는 사회 환경에 민감해서 집단 속에서 자손 번식에 도움을 주고받을 수 있는 개체를 판별하는 데에 도움이 되어야 한다. 이 중 적어도 일부는 다른 사회성 유전자와 부가적 효과를 나타내야 한다. 다음으로, 인간을 포함한 생물 개체의 사회 행동이 복잡하므로 이타성 유전자의 수와 복잡성이 증가했을 것이다. 게다가 이타성 유전자는 이미 진화한 친족 인식 유전자에 의존하거나 공진화했을 것이다. 이들은 또 이타성 형질의 발현이 다른 개체와의 상호작용 속에서 복잡한 만큼 여러 유전자가 함께 효율적으로 작용해야 한다. 더불어 생리학적, 형태학적, 번식이나 행동 측면에서 동시에 이익이 되지만 손해는 되지 않으려면 가능하면 해당 유전자가 나타내는 생물학적 형질의 효율성이 높아야 한다. 그래서 한 가지의 유전자가 여러 기능을 발휘한다면 이타성 발현에 유리할 것이다.

크레스피 교수는 이러한 특징을 근거로 몇 가지 후보 유전자를 제시하였다. 사회성 곤충인 흰개미나 꿀벌의 경우, 일꾼 개체의 번식을 막는 유전자들, 일꾼 벌이 여왕벌로 발생하는 것을 막는 유전자들

문화는 유전자를 춤추게 한다

이 그 예이다. 사람의 경우, 이타성을 측정하는 게임, 기부 관련 심리 유전 테스트, 공감 측정 등을 이용하여 도파민이나 옥시토신 수용체 유전자 등 주로 신경 내분비계에 관여하는 유전자들을 제시하였다.

아직은 어떤 구체적 유전자를 특정할 단계가 아닌 것은 분명하다. 여전히 가설과 추론에 많은 부분을 의존하고 있는 것 또한 사실이다. 그럼에도 최근 과학계의 빠른 발전 속도를 고려하면 머지않아 인류는 우리 몸 속 어딘가에 분명히 존재하는, 친근하고, 수다를 즐기고, 공정함에 특별히 민감한 이타성 유전자와 반갑게 조우할 수 있을 것이다.

좋은 사람이 되고 친구를 만드는 방법

평판이 그렇게 중요하다면 우리는 실제와 상관없이 좋은 사람인 척하고 살 수도 있지 않을까? 문화와 유전자가 공진화하며 발전한 인류의 경험은 잠시 그럴 수 있겠지만 지속할 수 없다고 가르친다. 이타성이 작동하는 인간 사회에서 실제로 이타적 행동을 하지 않으면, 동료들은 결국 알아챌 것이다. 결론적으로, 우리는 실제로 좋은 사람이어야 한다. 우리는 자신이 사회 구성원임을 받아들이고, 받으면 돌려주고, 협력하고, 공정한 행동을 해야 한다. 간접적 호혜성을 최초로 주장한 로버트 엑설로드도 비슷한 내용을 제안한다. 남이 가진 것에 시기하지 말고, 먼저 배반하지 말며, 받으면 되갚으라는 것이다. 그는 또 영악하게 살지 말라고 조언한다.

우리는 매일 일상에서 여러 친절한 행위를 만난다. 어쩌면, 이 행위가 만일을 위해서 저금하듯이 내 주변의 여러 사람에게 호의를 베풀어 나에게 벌어질 불확실성에 대비하는 것일지도 모른다. 이런 사회에서 친구는 너무도 소중한 존재이다. 사회에서 마주치는 수많은 사람 속에서 친구를 사귀고 교류하려면 우리는 어떤 행동을 해야 할까? 우리는 약간의 노력으로 주변 사람들과의 협력이나 상호주의, 우정을 늘릴 수 있다. 미국 서던캘리포니아대학교의 진화학자 제이 펠런은 이를 위해 다음과 같은 구체적인 지침을 제안한다.

상대의 이름을 외워 사용하라.
우연히 마주치면 눈을 보고 미소를 보여라.
작은 것이라도 주고받는 데에 인색하지 말아라.
예의를 지켜라.
좋은 평판을 쌓아라.

어쩐지 자기계발서나 바른생활 도덕 교과서에서 마주칠 법한 조언 느낌이 살짝 들기는 하지만, 엄연히 진화 생물학자가 인류의 발걸음을 연구한 기초 위에서 내린 결론이다.

문화는 유전자를 춤추게 한다

참고문헌

김윤지 (2023) 한류외전, 어크로스.

로버트 액설로드 (2006) 협력의 진화, 이경식 역, 시스테마.

로버트 M 새폴스키 (2017) 행동, 김명남 역, 문학동네.

마이클 셔머 (2015) 도덕의 궤적, 김명주 역, 바다출판사.

마이클 토마셀로 (2016) 도덕의 기원, 유강은 역, 이데아.

에드윈 게일 (2020) 창조적 유전자, 노승영 역, 문학동네.

제인 펠런 (2013) 생명과학-활용할 수 있는 지식, 한규웅 등 역, 범문에듀케이션.

제이 펠런 (2021) 생명과학이란 무엇인가? 활용할 수 있는 지식과 생리학, 장수철 등 역, 월드사이언스.

조너선 하이트 (2012) 바른마음. 왕수민 역, 웅진지식하우스.

크리스토퍼 보엠 (2012) 도덕의 탄생, 김아림 역, 리얼부커스.

테리 버넘, 제이 펠런 (2012) 다윈이 자기계발서를 쓴다면, 장원철 역, 스몰빅라이프.

프란스 드 발 (2013) 착한 인류, 오준호 역, 미지북스.

Alexander RD (1971) The search for an evolutionary philosophy of man. *Proceedings of the Royal Society of Victoria* 84: 99–120.

Alexander RD (1975) The search for a general theory of behavior. *Behavioral Sciences* 20: 77–100.

Bhatnagar KP (2008) The brain of the common vampire bat, Desmodus rotundus murinus (Wagner, 1840): a cytoarchitectural atlas. *Brazilian Journal of Biology* 68(3): 583–599.

Boehm C (2014) The moral consequences of social selection. *Behavior* 151: 167–183.

Bräuer J, Call J, Tomasello M (2006) Are apes really inequity averse? *Proceedings of the Royal Society of London, Series B: Biological Sciences* 273(1605): 3123–3128.

Bräuer J, Call J, Tomasello M (2009) Are apes inequity averse? New data on the token-exchange paradigm. *American Journal of Primatology* 71(2): 175–181.

Brosnan SF, de Waal FBM (2003) Monkeys reject unequal pay. *Nature* 425: 297–299.

Carr L, Iacoboni M, Dubeau M-C, Mazziotta JC, Lenzi GL (2003) Neural mechanisms of empathy in humans: A relay from neural systems for imitation to limbic areas. *Proceedings of the National Academy of Science USA* 100(9): 5497–5502.

Charafeddine R, Mercier H, Clément F, Kaufmann L, Reboul A, Van der Henst J-B (2016) Children's allocation of resources in social dominance situations. *Developmental Psychology* 52(11): 1843–1857.

Cheney DL, Seyfarth RM (1982) Recognition of individuals within and between groups of free-ranging vervet monkeys. *American Zoologist* 22 (3): 519–529.

Clutton-Brock T (2009) Cooperation between non-kin in animal societies. *Nature* 462: 51–57.

Conard NJ (2010) Cultural modernity: Consensus or conundrum? *Proceedings of the National Academy of Science USA* 107(17): 762–763.

Dunbar RIM (2014) How conversations around campfires came to be. *Proceedings of the National Academy of Science USA* 111(39): 14013–14014.

Engelmann D, Fischbacher U (2009) Indirect reciprocity and strategic reputation building in an experimental helping game. *Games and Economic Behavior* 67(2): 399–407.

Engelmann JM, Tomasello M (2019) Children's Sense of Fairness as Equal Respect. *Trends in Cognitive Sciences* 23(6): 454–463.

Güth W, Schmittberger R, Schwarze B (1982) An experimental analysis of ultimatum bargaining. *Journal of Economic Behavior & Organization* 3(4): 367–388.

Haidt J (2001) The emotional dog and its rational tail: A social intuitionist approach to moral judgement. *Psychological Review* 108: 814–834.

Hamilton WD (1964) The Genetical Evolution of Social Behaviour. *Journal of Theoretical Biology* 7 (1): 1–16.

Henrich JR, Boyd S, Bowles C, Camerer H, Gintis R, McElreath R, Fehr E (2001) In search of Homo economicus: Experiments in 15 small-scale societies. *American Economic Review* 91: 73–79.

Herrington CJ (2015) Film marketing and the creation of the hollywood blockbuster. Honors Thesis, University of Mississippi.

Hopper LM, Lambeth SP, Schapiro SJ, Brosnan SF (2013) When given the opportunity, chimpanzees maximize personal gain rather than "level the playing field". *PeerJ* 1: e165.

Isamu O (2020) A review of theoretical studies on indirect reciprocity. *Games* 11(3): 1–17.

Lee RB (1979) The !Kung San: Men, Wemen, and Work in a Foraging Society, New York: Cambridge University Press, 394–395.

Marlowe FW (2004) Mate preference among Hadza hunter-gatherers. *Human Nature* 15: 365–376.

Melis AP, Altrichter K, Tomasello M (2013) Allocation of resources to collaborators and free-riders in 3-year-olds. *Journal of Experimental Child Psychology* 114(2): 364–370.

Mateo JM (1996) The development of alarm-call response behavior in free-living juvenile Belding's ground squirrels. *Animal Behaviour* 52 (3): 489–505.

Nowak MA, Sigmund K (2005) Evolution of indirect reciprocity. *Nature* 437: 1291–1298.

Sanfy AG, Rilling JK, aronson JA, Nystrom LE, Cohen JD (2003) The neural basis of economic decision-making in the ultimatum game. *Science* 300: 1755–1758.

Sherman PW (1981) Kinship, demography, and Belding's ground squirrel nepotism. *Behavioral Ecology and Sociobiology* 8 (4): 251–259.

Simon HA (1990) A mechanism for social selection and successful altruism. *Science* 250(4988): 1665–1668.

Sommerfeld RD, Krambeck HJ, Semmann D, Milinski M (2007) Gossip as an alternative for direct observation in games of indirect reciprocity. *Proceedings of National Academy of Sciences USA* 44: 17435–17440.

Thompson GJ, Hurd PL, Bernard J. Crespi BJ (2013) Genes underlying altruism. *Biology Letters* 9(6): 1–6.

Trivers RL (1971) The evolution of reciprocal altruism. *Quarterly Review of Biology* 56: 35–57.

Turner LW (1973) Vocal and escape response of Spermophilus beldingi to predators. *Journal of Mammalogy* 54 (4): 990–993.

Wilkinson GS (1990) Food sharing in vampire bats. *Scientific American* (February): 76–82.

Wilkinson GS (1984) Reciprocal food sharing in the vampire bat. *Nature* 308: 181–184.

4장

성 문화와
인간의 진화

특별히 섹시하게 진화한 동물

사람들은 성적 매력에 관심이 많다. '섹시하다'는 평가는 외모에 관한 최고의 칭찬 중 하나로 여겨진다. 그런데 조금 깊게 파고 들어가 대체 무엇이 성적 매력을 결정하는지, 인간에게 성적 매력이 중요한 이유는 무엇인지 등을 생각해 보면 답이 쉽지 않다. 너무나 개인적이고 각양각색으로 보이기도 하는 게 성적 매력이다. 그런데 진화론은 성적 매력을 이해할 때 기준이 될 든든한 주춧돌로 '성선택'이란 개념을 제시했다. 이를 제안한 것도 역시 찰스 다윈이다. 그러나 성선택에 관한 이론은 생물학에 가장 큰 영향을 미친 다윈의 저서 『종의 기원』에서는 찾아볼 수 없다.

"활짝 펼쳐진 깃털의 수많은 무늬는 포식자 눈에 잘 띄어 자연선택 과정에서 공작새는 제거되기 쉬운데 어째서 이런 특징이 있는 걸까?" 생물의 진화는 살아남고 번식하기에 유리한 방향으로 이루어지기 마련인데 생존에 불필요하거나 오히려 위험 요소로 보이는 공작새의 깃털은 다윈을 괴롭히는 화두였다.

오랜 탐구 끝에 다윈은 공작새의 깃털이 가지는 의미를 『인간의 유래와 성선택』이라는 책에서 해명하였다. 수컷 공작새가 유전자를 전파하려면 암컷의 선택을 받아야 한다. 공작새 앞에는 자연선택과 함께 성선택이라는 또 하나의 관문이 놓인 셈이다. 이 관문을 통과해야 수컷 공작새가 자신의 유전자를 후대에 남길 수 있는 것이다. 결국 이 압력 즉 '성선택'에 부응하는 과정에서 공작새는 생존에는 직접 도움이 되지 않더라도, 짝짓기 성공 확률을 높이기 위해 아름다운 깃털이라는 특징을 남기게 된다고 다윈은 생각하였다. 이 성선택 이론은 동물의 성적 행동이나 특징을 이해하는 것은 물론, 인간 진화를 살피는 데서 훌륭한 준거점을 제공한다. 그러나 이번 장에서 성선택 이론 전반을 소개하려는 것은 아니다. 인간이 스스로 조성한 문화의 영향을 크게 받으며 공진화 과정을 거쳤다는 점을 살피는 이 책의 목적에 따라, 성적인 측면에서의 인간 진화 역시 문화와 어떤 관계를 맺었는지 시사점을 찾아보기로 하자.

유인원과 구분되는 인간의 성선택 특징

인간, 정확히는 인간을 포함한 인간의 조상은 침팬지와 갈라진

문화는 유전자를 춤추게 한다

후 현생 인류에 이르기까지 고유한 진화의 길을 걸었다. 현재의 인간에게는 진화를 거치면서 자신의 조상과 달라진 점과 여전히 비슷한 점이 각각 존재한다. 이는 성의 진화에서도 마찬가지이다. 예컨대 인간 여성은 결코 성에 소극적이지 않다. 이것은 그들이 조상과 공유하는 비슷한 특징이다. 크게 달라진 점은 발정기가 사라졌다는 점이다. 대부분 동물의 암컷은 발정기 때에만 수컷에게 교미를 허용한다. 호르몬 변화에 따라 가임기에는 섹스를 하지만 그 시기가 지나면 섹스에 에너지를 낭비하지 않는 것이다. 그런데 인간을 비롯해 보노보, 돌고래 등 몇 종의 동물만 발정 주기와 상관없이 성행위를 한다. 또 달라진 점은 성기를 비롯한 몇몇 신체 부위는 성적 선호를 통해 형성되어 왔다는 것이다. 이러한 특징들은 인간 성의 진화를 번식은 물론 쾌락 추구라는 측면에서도 살펴볼 것을 요구한다.

　　많은 동물 종에서 수컷들은 암컷을 차지하기 위해 경쟁을 한다. 심지어 큰 상처를 입을 수 있고 목숨이 위태로워질 때까지 싸우기도 한다. 다윈을 비롯한 여러 생물학자는 주로 수컷 동성끼리의 경쟁을 성선택의 주요 구성 요소로 간주하였다. 그래서인지 많은 연구는 수컷 위주의 시각에서 성선택 현상을 묘사한다. 그러나 한쪽 성 입장에서만 본다면 성선택을 제대로 이해하지 못할 수 있다. 예를 들어, 다른 수컷과의 경쟁에서 이겼다고 해서 원하는 암컷과의 교미가 보장되지 않는다. 암컷이 거절하면 교미는 성사되기 쉽지 않다. 또 교미 이후, 정자나 수정란을 어떻게 처리할 것인지는 전적으로 암컷에게 달렸다. 당연히 번식 현장에서 암컷은 수컷들의 들러리가 아니다. 암수가 (능동적) 영향력의 균형을 유지하는 제 역할을 하지 못한다면 유전자를 자손에게 성공적으로 전달하는 데에 문제가 발생할 가능성이 크다. 이 때문에 성선택에는 동성간 경쟁뿐 아니라 이성간 상호작용도 중요한 비중을 차지한다.

마찬가지로 인간 여성도 수동적이지 않다. 그 예로서 여성의 성욕을 살펴보자. 일단 번식의 측면에서 사고를 해보면, 성욕이 양성에서 어떻게 진화해 왔는지 논리적인 추론이 가능하다. 남성만큼이나 여성도 성욕을 지닌 사람이 그렇지 않은 사람보다 자손을 얻었을 가능성이 클 것이고 그 유전자는 자손에게 전달된다. 이 과정은 대를 이어 진행되었고 우리는 그들의 자손이다. 현재의 여성은 성욕을 지닌 조상의 유전자를 물려받은 것이다. 성욕을 섹스 과정의 오르가슴으로 바꿔도 마찬가지이다. 섹스 자체가 즐겁지 않으면 어떻게 자손을 얻을 수 있겠는가.

성선택과 관련하여 여러 유인원과 다른 특징은 인간에게는 발정기가 없게 진화했다는 점이다. 인간은 발정기가 없으므로 섹스는 언제든지 가능하다. 언제 섹스를 주로 하게 될까? 침팬지를 비롯한 여러 영장류에서 암컷이 섹스의 대가로 수컷이 사냥해 온 먹이를 요구하는 케이스는 흔하다. 암컷이 생존에 필요한 영양분을 얻는 데에 성적 동기가 생기도록 진화한 것이다. 인간도 마찬가지여서 수렵채집 사회에서 큰 동물을 사냥한 남성에게는 더 많은 섹스 기회가 제공되었다. 이런 기회는 시도 때도 없이 발생하므로 발정기가 없는 인간 여성에게 유리하게 작용하였다.

문화는 유전자를 춤추게 한다

발정기가 없으므로 여성은 또한 파트너 몰래 다른 남성과 섹스할 기회가 언제든지 있다. 반면, 남성은 빈번하게 생길 수 있는 여성의 간통을 감시하는 데에 한계를 갖는다. 여성은 은밀한 만남을 통해 우수한 유전자를 고르고 이 유전자를 지닌 자식을 얻게 된다. 몇몇 학자들이 수렵채집 사회를 대상으로 조사한 결과에 따르면 남자들이 자신의 혈통이라 믿는 자녀의 약 10% 정도는 다른 남자의 자손이라고 한다.[18] 그러나 무엇보다도 인간은 자손을 만들고 자녀 양육을 위해서는 남성을 곁에 머물게 하는 것이 중요하다. 남성은 언제가 파트너의 배란기인지 확실하지 않으므로, 자손을 얻으려면 항상 섹스를 추구하게 되고 여성은 그 기회를 제공함으로써 남성을 옆에 붙들어 둘 수 있다.

요약해 보면, 여성이 성에 소극적이지 않고 발정기를 버리는 진화를 함으로써 인간은 언제든 섹스를 할 수 있게 되었다. 이 특징으로 인해 남녀 모두 성욕이 증가하는 방향으로 진화했을 가능성이 크다. 더불어 성선택 측면에서 인간만의 방식으로 여성은 남성만큼이나 비중이 있는 역할을 점하게 되었다.

---

18. 아체족, 메히나쿠족 등 또 다른 현존하는 수렵채집 사회에서도 혼외정사가 많음을 기록했다. 이 비율은 현대 사회나 농경 사회와 비교해서 꽤 높은 비율이다. 이 결과가 고대 수렵채집인 사회에도 그대로 적용될 것이라는 추론은 틀릴 가능성이 크다. 왜냐하면, 현대의 수렵채집 사회가 처한 환경이 고대와 달랐음은 물론 이들이 어떤 식으로든 현재의 농경 및 산업사회의 영향을 받았기 때문이다.

왜 남성의 성기는 '그 모양'일까?

이제 수컷의 성적 진화를 생식기를 중심으로 살펴보자. 체외로 돌출한 수컷의 음경은 일상에서 활동할 때 덜렁거리면 나뭇가지, 가시, 풀이나 기타 주변의 물체와 부딪혀 상처를 입기 쉽다. 당연히 이를 피하는 방법이 진화해 왔다. 특히, 빠르게 수영하거나 날아다녀야 할 동물들은 마찰의 영향이 커서, 여러 고래와 많은 박쥐 종처럼, 음경을 몸에 밀착시키는 경우가 많다. 음경이 있는 대부분 동물은 섹스할 때나 과시가 필요한 때에만 음경이 발기하도록 진화해 왔다. 또많은 조류 수컷은 음경이 없는 방향으로 진화했다. 이들은 그래서 총배설강이라는 구멍을 암컷의 총배설강에 맞대고 누르면서 정자를 전달한다.

음경 크기는 어떻게 결정될까? 수정이 성공적으로 이루어지려면 암컷의 질, 자궁, 수란관으로 이어지는 경로를 많은 수의 정자가 살아서 지나게 할 정도의 길이는 되어야 한다. 이 정도라면, 음경의 길이는 수정을 위한 적응의 결과라 할 수 있다. 고환 크기도 마찬가지이다. 인간 고환의 크기는 침팬지와 비교해 작다. 침팬지 암컷은 발정기에만 여러 수컷과 교미한다. 그 결과, 암컷의 생식기 내에서 여러 수컷의 정자 사이에 경쟁이 일어난다. 수컷은 경쟁에 이기려면, 많은 양의 정자를 만들기 위한 큰 고환이 유리하다. 이와 달리 인간은 따로 발정기가 없으므로 한꺼번에 많은 양의 정자를 만들 만큼 큰 고환이 필요하지 않다. 우리의 고환은 유전자 전달에 적합하게 '적

문화는 유전자를 춤추게 한다

응'한 결과이다.

음경에 관해서는 더 생각할 점이 있다. 인간의 음경은 친척 종들과 비교해 길이가 유난히 길다. 발기할 때를 기준으로 길이가 고릴라는 4cm, 침팬지는 7.5cm인데 반해 인간은 15.2cm이다. 인간 음경은 지름도 크고 끝이 부드러운 원추 모양의 귀두를 갖고 있다. 게다가 뼈도 없다. 번식만이 목적이라면 이러한 음경의 크기나 모양은 불필요하다. 음경은 왜 이러한 크기와 모양으로 진화한 것인가? 학자들은 이것이 여성들의 미적 선호나 성적 쾌락과 관련성이 높다는 연구 결과를 내놓았다.

음경에 뼈가 있는 동물은 발기하기 전에는 음경이 몸 일부에 부착되어 특별히 눈에 띄지 않는다. 이와 달리 인간처럼 직립 보행을 한다면, 뼈가 없이 매달려 있는 음경은 상대적으로 더 커 보인다. 500만 년 이상 인간의 직립 이족 보행이 진화하면서 이 특징은 점점 과시 대상이 되었다. 인간의 음경은 뼈를 버리는 대신 이성에게 더 눈에 잘 띄고 크기를 과시하는 진화 전략을 선택한 셈이다. 여성들에게 이 매달린 음경은 발기 때의 크기를 짐작할 단서였다. 이렇게 크기에 기반한 선택은 성적 쾌락과 관련하여 이루어졌다. 귀두의 모양도 마찬가지다. 발정기가 없어 섹스를 반복적으로 할 수 있는 인간 여성에게는 번식이라는 목적 외에 성교의 즐거움도 중요한 요소였다. 자연히 음경의 크기, 귀두의 크기나 모양이 성적 쾌락에 차이를 준다는 것도 여성은 인식했을 것이다. 결과적으로 여성의 선호가 현재와 같은 인간 남성의 귀두의 크기나 모양을 결정하는 데 중요한 작용을 했다. 성선택이 성기의 모양과 형태까지 바꾼 것이다. 성선택에 의해 음경 크기, 모양 등까지 변화된 사실은 인간에게 성은 유전자를 전달하고 자손을 번식하는 생물적인 기능 이상의 것을 수행했다는 점을 알려준다.

이러한 예가 더 있을까? 일상에서 우리는 여성의 가슴과 엉덩이(그리고 허리와의 비율)가 발달한 특징을 당연하게 생각한다. 왜 이런 특징이 생겼을까. 얼핏 생각하면 이들은 번식을 위한 구조라 할 수 있다. 예를 들어, 인간 여성의 가슴은 임신과 수유를 위해 지방을 저장하는 방향으로 진화한 결과라고 추론한다. 이 추론이 옳을까? 인간의 가슴과 엉덩이가 생식 능력과 관련이 있다는 몇몇 보고가 있기는 하다. 그러나 이들을 살펴보면, 아쉽게도 명확한 근거를 제시했다고 판단하기에는 부족해 보인다.[19] 구체적으로, 여성의 가슴 크기는 수유 능력과 직접적인 관계가 없고 엉덩이의 크기도 생식과 관련되었다는 연구는 부족하다. 또 이들 구조와 생식 호르몬의 관계도 적절하게 증명되지 않았다.

다른 동물들과 비교해도 인간의 이 특징은 매우 뚜렷하다. 신체에서 상대적으로 큰 가슴과 엉덩이 비율이 임신과 수유만을 위한 것이라면 다른 동물에서도 비슷한 현상이 많이 발견되어야 할 것이다.

───── **19.** 이에 관한 논문도 별로 없지만 발표된 논문도 허점을 나타낸다고 알려져 있다. 아름다움의 진화를 연구해 온 리처드 프럼은 월경주기 동안 에스트라디올과 프로게스테론 등 임신 관련 여성 호르몬의 변화를 주장한 논문이 제시한 결과가 뚜렷하지 않고 참가자의 행동을 제대로 통제하지 못한 점을 지적하였다.

문화는 유전자를 춤추게 한다

그러나 5,000여 종의 포유류 중 많은 종이 결코 짧지 않은 기간 동안 임신과 수유를 하지만, 이들 종 암컷에서 인간만큼 가슴과 엉덩이의 비율이 큰 경우는 드물다. 대부분 동물에게서 가슴은 배란과 수유기 동안에만 크게 부풀어 오른다. 이런 점에서 인간 여성의 가슴과 엉덩이는 다른 기능 즉, 남성을 성적으로 유혹하기 위하여 진화했다는 추론이 가능해진다. 현대 여성들의 화장을 비롯한 몸치장, 의복 패션 등 역시 상당 부분 이러한 기능을 수행한다. 이제는 남녀 공히 옷차림과 꾸밈을 통해 자신의 매력을 알리는 일이 자연스럽다. 특히 패션의 경우, 성적 매력을 높이는 도구인 동시에 사회적 경제적 지위, 총명한 정도를 알려주는 지표 역할도 한다.

여성의 성욕에 관한 연구는 그 역사가 대단히 짧아 채 한 세기가 되지 못한다. 대규모의 실증 조사를 통해 여성의 성욕을 객관적으로 연구 대상에 올린 최초의 인물은 알프레드 킨제이이다. 하버드대학교에서 생물학 박사 학위를 취득하고 인디애나대학교에서 동물학 교수로 활동하던 알프레드 킨제이는 성 행동에 관한 과학적 연구의 필요성을 절감하고 1947년 자신의 이름을 딴 킨제이연구소를 설립했다. 그는 이 연구소를 통해 1948년과 1953년에 각각 『남성의 성행동Sexual Behavior in the Human Male』, 『여성의 성 행동Sexual Behavior in the Human Female』이라는 보고서를 발표했다. 흔히 킨제이 보고서라고 부르는 이 연구 결과가 발표되기 전까지 여성의 성에 관한 연구는 흔하지 않았다. 학자들은 성행위로 인해 임신 가능성 부담이 있는 여성은 조심스러울 수밖에 없어서, 남성과 비교해 섹스를 덜 즐길 것

이라고 추론하는 경우가 대부분이었다. 5,940명의 여성을 대상으로
한 조사 결과를 담은 『여성의 성 행동』 보고서는 여성의 성욕이 남성
보다 약할 것이라는 편견을 정면으로 반박했다.

요약하면, 침팬지와 갈라진 이후 인간은 자손을 잇기 위한 생식
적응을 위한 성선택과 인간 고유의 성선택이 모두 이루어지는 진화
가 일어났다. 성적인 부분의 진화에서 유전자의 명령을 충실히 수행
하는 '번식' 행동에 적합한 측면만이 아니라 '쾌락'이라는 측면 또한
중요했음을 알 수 있다. 현재 우리의 성 문화에는 이러한 인간의 성
진화 특징이 깊이 반영되어 있는 셈이다.

인간의 성적 매력은 몇 가지?

문화는 인간의 성선택에 넓고도 큰 영향을 끼쳤다. 많은 사람으
로부터 예쁘다 또는 잘 생겼다, 건강하다, 부유하다 등 찬사를 받는
사람이 있지만, 이런 사람들만 이성이 선택하는 것은 아니다. 인간
사회에서는 더 이상, 번식에서의 이점만이 성적 매력으로 작용하지
는 않는다. 인간이 축적해 온 문화로 인해 인간은 각자 끌리는 이성
의 특징이 사람마다 다르게 다양한 양상으로 나타난다. 인간 문화 속
에서 언제부터인가 모두에게 일률적으로 적용되는 성선택의 기준은
의미가 퇴색하고 있다.

성적 매력의 기준은 문화권에 따라 다르다. 미얀마의 소수 민족

인 파다웅Padaung족 여성은 어릴 때부터 놋쇠 고리를 목에 걸기 시작해 나이가 들수록 그 수를 늘린다. 이들에게는 긴 목이 아름다움의 기준이기 때문이다. 비슷하게 에티오피아 남부의 서마Surma 종족은 여성이 사춘기에 이르면 아랫니를 제거하고 아랫입술에 구멍을 만들어 입술 접시 판을 삽입한다. 이 종족 사람들은 이 시술을 받으면, 성인 여성으로 대접을 받고 여성으로서의 매력이 있다고 생각한다. 남아프리카공화국의 코이산Khoisan족에게 여성의 가장 큰 매력은 엉덩이에 체지방을 축적하여 만든 '예쁜' 엉덩이다. 중국에서는 뼈가 가늘어져서 여성의 몸 전체가 날씬하고 연약해지는 미적 효과를 노려 3~4세부터 발을 꽁꽁 묶어 성장을 중지시키는, 그래서 발뼈가 왜곡되는 '전족'이라는 풍습이 한때 유행하였다.

같은 문화권이라 하더라도 시대에 따라 성적 매력의 기준이 바뀐다. 미국의 경우 1950년대에 풍만한 여배우와 부드러운 몸매의 남자 배우들이 인기였다면, 현대에는 마른 체형의 여배우와 근육질의 남자 배우가 인기를 얻고 있다. 미국, 러시아, 서유럽 등에서 한때 매력적인 남성 연예인이란 마초의 특징에 근육질을 지닌 사람으로 간주된 적이 있었다. 지금도 어느 정도 그렇긴 하나 요즈음 이런 경향이 모든 문화권에서 대세를 이룬다고 볼 수는 없다. 예를 들어, K팝의 선두 주자인 BTS 멤버들은 과하지 않게 직딩히 키운 근육과 섬세하고 세련된 외모로 여러 나라에서 여성들로부터 환호를 받는다. 이렇게 성적 매력의 기준은 문화권별로 다를 뿐만 아니라 같은 문화권 내에서도 시대에 따라 유동적으로 변한다.

개인 차원에서는 어떨까? 외모가 이성을 판단하는 중요한 기준이긴 하다. 그러나 판단 기준으로 삼는 부위는 머리에서 발끝까지 다양하고 사람마다 다르다. 예일대학교 교수인 리처드 프럼은 성 갈등의 자연사를 다룬 『아름다움의 진화』라는 저작에서 모발, 코, 광대뼈, 안면, 입술, 눈꺼풀, 귀와 귓불, 유방, 여성 체지방, 발모, 음경의 크기와 형태 등 다양한 외모의 기준을 나열하며 사람마다 매력으로 여기는 포인트가 제각각 다른 이러한 요소를 생물학적 적응 결과로만 볼 수 없다고 단언한다. 예를 들어, 어떤 사람은 광대뼈가 뚜렷한 이성을 좋아한다. 그런데 이 선호 이유가 '광대뼈가 두드러진 외모를 지닌 조상들이 생존에 유리했고 성공적으로 번식한 결과 그 후손에게 전달되는 과정, 즉 적응에 유리한 특징이기 때문'이라고 볼 수는 없다는 것이다. 그것은 단지 그 사람이 지닌 선호의 특성일 뿐이다. 성적 매력이라는 것이 번식에 유리한가 아닌가 하는 요소만으로 결정된다면 그 기준도 간단할 것이나, 인간은 앞에서 살펴보았듯이 남녀 공히 성을 유독 즐기는 동물로 진화했다. 번식이라는 자연계의 유일 요소를 벗어나 즐거움과 쾌락을 느끼는 일에는, 주관적이고 문화적인 여러 선호가 작용한다. 이 선호의 다름이 성적 매력의 다양함을 낳는다.

인간은 상대에 대한 호기심에서 시작하여 이성의 유머 감각, 친절, 공감 능력, 배려심, 정직, 충성도 등 사회 속에서 형성된 특징에 의해서 마음이 움직인다. 더 정확히는 사람들은 이러한 특징이 잘 드러나는 외모를 마음에 들어 한다. 우리는 생물학적 매력과 사회 속에서 형성된 특징이 융합하여 만들어 낸 수많은 다양한 선택 기준을 갖게 된 것이다.

이러한 특징들을 살펴보면, 인류 사회에서 특정 집단이나 개인이 지닌 성적 매력의 기준은 딱히 정해진 것이 없어 보인다. 또 시간이 지나면서 변할 수도 있다. 앞으로 이 기준이 어떻게 변할지 예상하는 것도 쉽지 않아 보인다. 현재까지 몇 가지 가설이 제시되었지만, 문화의 다양성을 고려한다면, 가장 설득력이 있는 가설은 '질주 가설'인 것 같다. 이 가설은 '이성에 의해 특정 매력이 선택되면 그 매력이 증가하는 방향으로 선택이 질주한다'는 의미이다. 물론 이때 인간의 성 진화의 '질주' 동력은 문화적 트렌드일 것이다.

질주 가설을 지지하는 사례는 동물에게서 흔하다. 긴꼬리천인조의 긴 꼬리는 생존에 도움이 되기 어렵지만 단지 암컷이 좋아한다는 이유만으로 선택된다. 수많은 조류의 경우, 아름다운 깃털의 색과 모양 역시 생존에 도움이 되지 않지만, 암컷의 중요한 선택 기준이다. 적응과 관련 없는 특정 방향으로 성선택이 일어나는 예는 거피라는 물고기에서도 발견된다. 일반적으로 암컷 거피는 몸에 오렌지색 비율이 높고 뚜렷한 무늬를 가진 건강한 수컷을 선호하지만, 실험자가 모형 암컷을 이용하여 오렌지색 비율이 낮고 무늬도 뚜렷하지 않은 수컷을 쫓아다니게 하면 다른 암컷들도 이 수컷을 선호하기 시작한다. 꼬리 길어지기, 깃털 아름다워지기, 오렌지색 줄어들기 등은 딱히 생존이나 번식에 유리하다고 볼 수 없다. 이들은 단지 상대가 선호하는 특정한 방향성을 띠는 것이다.

인간도 마찬가지이다. 건강함, 강한 체력과 같이 생존과 번식에 유리한 자질만이 성선택의 기준은 아니다. 문화의 비중이 증가한 사회에서는 더 그렇다. 현대에 이르러 많은 발전된 국가에서는 국민의 정치적 권리가 확대되고 국민 건강을 일정한 수준으로 유지하는 사회복지 및 건강 보험 제도가 운용된다. 이런 조건에서는 과거 같으면 생존을 좌우하는 결정적 요소였던 권력이나 선천적으로 타고난 건강 등의 징표는, 물론 여전히 성적 매력의 일부이기는 하지만, 이성 선택의 절대적 기준으로 작용할 여지는 예전보다 훨씬 줄어들었다. 또 경제력도 마찬가지다. 많은 사람이 절대적 빈곤에서 벗어나는 정도에 이르면 경제력이라는 요소의 중요성도 그만큼 줄어든다. 그러니까, 권력, 부, 건강 등이 예전만큼 큰 비중으로 성적 매력의 기준으로 기능한다고 할 수 없다.

오히려 사회에 따라 다르겠지만, 자신이 속한 사회 속에서 많은 사람과 어울려 살 수 있는 의향과 자질이 더 중요한 선택의 기준으로 작용할 수 있다. 정치적 성향이나 종교도 중요한 기준이 된다. 또 풍부한 문화적 소양이나 취향도 선택 기준으로 작용할 것이다. 음식, 패션, 스포츠 등에 관한 취향이 그 예이다. 이미 이러한 경향은 충분히 관측되고 있으며 앞으로 더 심화할 것이다.

미래의 인류 성 문화는?

인간이 지닌 성적 매력을 들여다보면, 우리만의 독특함을 발견할 수 있다. 성적 매력의 매우 큰 비중을 문화가 차지한다는 점이다. 과거도 그랬지만 현대도 그렇고 앞으로는 더 그럴 것이다. 문화가 인류의 성적 특징을 결정한다는 점은 인간의 주도적 역할이 주요함을 의미한다. 어쩌면, 성 문화와 인간의 공진화는 자연이 인간에게 덮어씌운 '성'이라는 굴레를 인간이 문화로 응수하면서 보다 자유로워지는 과정인 것 같다.

서구보다는 성적 보수성이 높다고 생각하는 한국 사회도 예외는 아니다. 데이터를 모으고 이를 시각화하는 데에 특화한 독일 온라인 플랫폼인 스타티스타는 2024년 3월 18일에 '한국의 사랑과 성에 관한 통계와 사실'이란 글을 게시하였다. 이 글에 따르면, 한국 사회는 젊은 세대를 중심으로 혼전 성교를 받아들이는 정도나 LGBTQIA+의 권리를 지지하는 정도가 늘어나는 등 오랫동안 지속되어 온 성에 관한 보수적인 분위기가 서서히 바뀌고 있다. 이 분위기를 잘 대변하는 것인지, 피임 관련 마케팅은 원치 않는 임신을 피하는 쪽보다는 결혼과 관계없이 낭만적 사랑을 온전하게 즐기는 쪽으로 초점을 옮기고 있다. 꽤 많은 젊은이는 눈데이트, 틴더, 아만다 등 대중적인 데이트 앱을 통해 가벼운 관계를 추구하는 것으로 알려져 있다. 또 대부분 남녀는 만남을 시작한 지 한 달 내에 성관계를 갖고, 결혼 전까지 파트너는 평균 4명이라고 알려졌다.

인류 성 문화의 가장 큰 특징은 번식이라는 생물의 근원적 속성
으로부터 자유로워지고 있다는 점이다. 인류는 번식을 위해 진화가
고안한 성의 즐거움을 그 어떤 동물보다도 현명하게 활용해 왔다. 앞
으로 인류의 성 문화를 예상해 본다면 어떨까? 아마도 이러한 변화
가 가속될 것이라는 데에 대부분 동의할 것이다. 자연의 선물 같기도
하고 족쇄 같기도 한 성을 현명하게 대처할 문화는 결국 우리 손에
달려 있다.

참고문헌

롭 브룩스 (2015) 매일매일의 진화생물학, 최재천·한창석 역, 바다출판사.
레이철 그로스 (2022) 버자이너, 제효영 역, ㈜휴머니스트출판그룹.
리차드 프럼 (2017) 아름다움의 진화, 양병찬 역, 동아시아.
마를린 주크 (2017) 섹스, 다이어트 그리고 아파트 원시인, 김홍표 역, ㈜위즈덤하우스
    미디어그룹.
에드리언 포사이스 (2001) 성의 자연사, 진선미 역, ㈜양문.
찰스 다윈 (1871) 인간의 유래 1, 2, 김관선 역, 한길사.

Cant JGH (1981) Hypothesis for the evolution of human breasts and
    buttocks. *The American Naturalist* 117: 199–204.
Dugatkin LA, Godin JG (1992) Reversal of female mate choice by copying
    in the guppy (Poecilia reticulata). *Proceedomgs of the Royal Society B:
    Biological Sciences* 249(1325): 179–84.
Eastwick PW, Hunt LL (2014) Rational Marc Value: Concensus and
    Uniqueness in Romantic Evaluations. *Journal of Personalty and Social
    Psychology* 106: 728–751.

Jablonski NG (2021) The evolution of human skin pigmentation involved the interactions of genetic, environmental, and cultural variables. *Pigment Cell & Melanoma Research* 34(4): 707–729.

Jablonski NG, Chaplin G (2017) The colours of humanity: the evolution of pigmentation in the human lineage. *Philosophical Transactions of the Royal Society B: Biological Sciences* 372(1724) https://doi.org/10.1098/ rstb.2016.0349.

Petrie M (2021) Evolution by sexual selection. *Frontiers in Ecology and Evolution* 9: 16 December Sec. Behavioral and Evolutionary Ecology. doi: 10.3389/fevo.2021.786868.

5장

왜 인간은
종종 잘못된 문화를
만드는가

결혼 시작, 연애 끝

"결혼은 연애의 무덤"이라는 말이 있다. 어떤 철학자의 말이라고도 하고 프랑스 고전 소설에 처음 등장한 문장이라는 의견도 있지만, 시중에 떠도는 격언 대부분이 그렇듯이 진위를 가리기는 쉽지 않다. 그러나 연애와 결혼을 경험한 많은 사람들이 이 말에 고개를 끄덕인다는 점만큼은 분명해 보인다. 연애의 설렘과 흥분, 열정은 생각보다 그리 오래 가지 않는다. 모든 로맨스 영화는 사랑하는 남녀가 결혼을 하면서 막을 내린다. '결혼 시작, 연애 끝'이다. 우리에게 너무도 익숙한, 짝짓기(연애)가 결혼이라는 혼인 제도로 이어지고, 또 그 결과로 가족이 탄생하는 이 과정은 그러나 생물학적으로는 흔한 일도 아니고 자연적인 것도 아니다. 많은 동물은 짝짓기를 마치면 결혼에 골인하거나 가족을 이루는 것이 아니라 각자 제 갈 길을 간다. 우리 인간은 왜 이런 독특한 문화를 갖게 되었을까? 또 이런 문화는 인간의 진화에 어떤 기능을 담당할까?

현재 우리 인류의 짝짓기 체계는 완전하지는 않지만 대체로 일부일처제Monogamy이다. 수렵채집 사회에서는 일부다처제Polygyny와 일부일처제가 공존했으나, 농경을 시작하고 정착 생활을 하면서 일부일처제가 확산된 것으로 보인다. 특정 지역에서는 일처다부제Polyandry가 존재했던 경우도 있는데 지금도 아마존 원주민과 폴리네시아 부족 중 일부는 이와 유사한 풍습이 이어진다. 인간의 짝짓기 체계가 변해 온 과정은 인류의 사회·경제·정치적 변화와 밀접하게 연관되어 있다. 인간은 성공적으로 유전자를 남기기 위한 가장 안정적인 방식으로 일부일처제를 받아들였다. 인간 사회는 더 나아가 이를 공고히 하는 규범, 법률과 제도 등 장치를 만들어 유지했다. 그럼에도 인간 사회에는 끊임없이 동성 또는 이성 사이에서 상호작용과 갈등이 일어났고 일부에서는 일부다처제가 다시 등장하곤 하였다.

동물들의 번식 현장에서 수컷은 대체로 암컷과 비교해 자손을 키우는 데에 들어가는 투자가 적은 경향을 띤다. 이유는 한마디로 말해서, 수컷 입장에서는 암컷이 낳은 새끼가 자신의 유전자를 물려받은 자기 자식이 맞는지 확신할 방법이 없기 때문이다. 현대의 인간은 10~30만 원의 비용을 들여 친자 확인 검사를 하면 일주일 정도면 유전자 분석을 통해 부모-자식 간의 생물학적 관계를 확인할 수 있지만, 동물들에게 그런 방법이 있을 리 만무하다. 결국 본능적으로 자신의 DNA를 널리 퍼뜨리려는 수컷으로서는 한 암컷에 충실하기보다 여러 암컷과 섹스를 하는 쪽이 훨씬 유리하다. 실제로 거의 모든 종류의 포유류는 이러한 전략을 수행한다. 코끼리물범이나 고릴라처럼 소수의 수컷이 대부분의 암컷을 거느리거나 산악들쥐처럼 교미 후 다른 암컷을 찾아 떠나는 등 양상은 다를 수 있으나, 수컷들은 끊임없이 더 많은 암컷과 접촉을 시도하려는 공통점을 지닌다.

포유류에 속하는 인간 남성도 여러 여성의 관심을 끌기 위해 노력한다. 가능한 한 많은 여성과의 만남을 통해 유전자를 널리 퍼뜨리는 것은 남성 입장에서는 합리적인 전략이다. 한편 여성은 우수한 유전자를 맞이해야 한다. 여성은 많은 에너지를 투자해 만든 자신의 소중한 난자에 어울리는 훌륭한 유전자를 얻어야 하므로 남성을 고르고 고르는 보수적인 전략을 수행한다. 유전자를 성공적으로 남겨야 하는 번식 현장에서 남과 여는 상대방 성을 맞이할 때 이렇게 서로 다른 전략을 구사해야 유리하다.

조류는 포유류와 조금 상황이 다르다. 조류는 교미 후 암컷이 알을 낳으면 알을 품고 먹이를 나르는 일을 암수가 번갈아 한다. 이는 번식에 중요한 역할을 하며, 조류의 약 90%가 일부일처제로 알려진 이유이기도 하다. 그럼에도 조류의 둥지에서 새끼들의 DNA를 모아 조사해 보면, 평균 11%는 배우자가 아닌 수컷의 유전자가 발견된다. 그러니까 조류의 짝짓기 체계는 수컷은 둥지를 떠나면 다른 암컷을 찾고 둥지에 있는 암컷들은 다른 수컷을 맞이하는 일이 비교적 잦은 빈도로 일어나는, 다분히 한시적이고 충성도가 떨어지는 일부일처제이다.

일부일처제가 주류인 인간은 포유류보다는 조류에 가까운 짝짓기 체계를 지닌다. 그러나 조류와 달리, 한 배우자와 오랫동안 일부일처제를 유지한다. 단적으로 인간은, 거의 모든 문화권에서 부인이 낳은 아이가 남편의 친자가 아닐 확률이 1% 이하로 조류와 비교해 매우 낮다.[20] 왜 그럴까? 인간이 비교적 장기적이고 진실한 일부일처제 짝짓기 체계를 만들어 낸 과정에 관해 생물학자들은 몇 가지 시나리오를 제시한다.

타협 가설과 양육 가설

먼저 타협 시나리오이다. 먼 과거, 우리의 조상들도 알파 수컷이 대다수 이성을 독점하는 일부다처제였지만 양보와 타협을 거쳐 일부일처제로 넘어갔다는 시각이다. 이 흔적은 암수 신체 비율에서 드러난다. 동물의 세계에서는 일부다처제가 강할수록 이에 비례하여 수컷이 암컷보다 더 큰 신체를 지닌다. 호모 사피엔스 남녀의 신장 차이는 10% 내외에 불과하지만, 인류의 먼 조상으로 간주하는 여러 오스트랄로피테쿠스 종의 경우, 남자의 신장이 훨씬 크다. 예를 들어 오스트랄로피테쿠스 아파렌시스*Australopithecus afarensis*는 수컷 신장

---

20. 문화권에 따라 다르다는 보고도 있다. 예를 들어, 나미비아의 한 부족은 기혼 여성의 17%가 혼외 부계의 자손을 낳는 것으로 보고되었다.

문화는 유전자를 춤추게 한다

(151cm)이 암컷(105cm)의 거의 1.5배로 추정된다.

　그런데 이러한 알파 수컷의 독점 체제는 만만치 않은 희생과 위험을 동반한다. 암컷을 차지하기 위한 수컷 간의 경쟁에서 치명적인 부상을 입거나 죽는 경우는 늘 발생한다. 살아남아야 더 많은 짝짓기를 하고 유전자를 퍼뜨릴 수가 있는데 암컷 독점은 오히려 그 반대의 경우로 귀결되기도 한다. 언제부터인가 한계에 부딪힌 수컷들은 이 위험성을 감수하기보다 번식과 생존을 위한 타협이 필요했다. 다른 수컷이 암컷에게 접근하는 것을 양보할 수밖에 없었던 것이다. 점진적으로 이러한 변화가 누적되자 결과적으로, 일부다처제는 약해지고 일부일처제가 대세를 이루게 되었다. 이는 인류에게 일어났을 법한 시나리오 중 하나이지만 검증이 더 필요하다. 일부일처제가 형성된 이유는 설명하지만, 짝을 이룬 인간 여성과 남성이 왜 조류에 비해 상대방에게 더 충실한지를 설명하지 못하기 때문이다.

　이 시나리오보다 일부일처제가 득세한 이유를 더 현실적으로 설명한 시나리오는 자손 양육을 중요한 요소로 간주한다. 인간의 자녀는 다른 동물에 비해 오랜 기간 돌봄이 필요하기 때문에 짝짓기 파트너 간에 충실성이 있어야만 성공적인 양육이 가능하다. 조류에 비해 훨씬 상호 신뢰도가 높은 배우자들이 부모 역할을 해줘야만 유전자를 전파하기 위해 애써 낳은 사녀의 생존율이 높아진다. 일부일처제는 이러한 필요에 대한 생물학적이면서 문화적인 해결책을 제공했고 이는 다시 일부일처제를 선호하는 유전적 경향을 강화하게 되었다는 가설이다.

인간은 덜 완성된 채로 태어난다. 아프리카의 사슴류를 비롯한 초식 동물이 태어나자마자 바로 걸을 수 있는 것과는 거리가 멀다. 인간이 태어나서 혼자 할 수 있는 일이라곤 주변 사람들을 향해 빵긋 웃거나 뭔가를 얻기 위해 우는 행위뿐이다. 음식도 주변에서 다 마련해서 먹여줘야 아이는 영양을 섭취할 수 있다. 성장도 너무 느리다. 처음에는 잠을 자거나 깨어나면 뒤척이는 행동을 반복한다. 아이들은 12개월 전후가 되어야 걸음마를 시작한다. 뇌는 태어난 이후에도 계속 발달하고 성장하며 대개 18개월 정도가 되어서야 뇌를 둘러싼 머리뼈들이 봉합된다. 이 모든 특징은 주변 사람의 도움이 없으면 인간 아기의 생존이 거의 불가능함을 나타낸다.

아이를 키워본 사람들은 신생아를 돌보는 일이 얼마나 힘든지 너무도 잘 안다. 이 힘든 육아를 대부분 다른 포유류처럼 여성만 담당한다면, 신생아의 생존은 매우 어렵다. 따라서 부부 모두의 헌신이 있어야 성공적인 유전자 전달이 가능하다. 지금도 마찬가지지만, 많은 남성은 본능적으로 여러 여성을 기웃거린다. 인류 조상 가운데 이렇게 바람기가 다분한 남성에게서 태어난 자손은 살아남기가 쉽지 않았을 것이다. 반대로 가정에 충실한 아버지 밑에서는 아이들의 생존율이 높았고 이들은 성인이 될 확률도 높았다. 이들이 남긴 '가정에 충실한' 유전자가 현재 일부일처제의 근본이 될 수 있었다.

이처럼 남자는 여자들에게 육아를 위한 도우미로서 의미가 크다. 신생아기에만 해당하는 일이 아니다. 자식의 소년기나 청년기에도 아버지(남성)의 기여는 생존에 큰 도움이 된다. 현대 사회에서는 영

문화는 유전자를 춤추게 한다

유아 돌봄 비용도 만만치 않지만, 아이들이 자라 학교를 다니기 시작하면 교육비 부담이 무척 크다. 남자는 이 비용을 분담하거나 전적으로 제공하기도 한다. 이러한 도움은 많을수록 좋다. 여성들에게는 가정에 충실하면서 능력이 있는 남자를 얻는 것이 매우 중요한 일이다. 현대 여성의 경제적 능력이 점점 증가하고 있어 그 중요성이 전과 같지는 않지만, 이러한 경향은 여전히 여성이 남성을 고를 때의 주요한 기준으로 작용한다. 여성들은 이 중요한 자원을 얻는 반대급부로 남성에게 충실성을 제공한다. 만약 이를 도외시하고 쉽게 다른 남성에게 한눈을 판다면 자손을 남기기 위해 쏟아부은 노력을 날릴 수 있는 꽤 위험한 일이 될 것이다. 이것이 조류와 달리 여성이 남편이 아닌 혼외 남성의 아이를 갖는 비율이 매우 낮은 이유이다.

학계의 연구 동향은 일부일처제 형성의 주요 동기로 '생존을 위한 타협과 양보' 가설보다 '자녀 양육을 위한 상호 헌신성' 가설을 지지하는 연구가 더 많은 것이 사실이지만, 아직 어떤 것이 더 핵심이라고 단언하기는 이르다. 두 가설이 상호 보완적인 측면도 있을 것이다. 그 어느 쪽이든 인간이 '비교적 장기적이고 상호 충실성 높은' 일부일처제를 정착시킨 데는 심리적 본능이나 생물학적 사유만이 아니라 인간의 여러 사회문화적 특징이 주요하게 작용했음을 짐작할 수 있다. 농경사회로 접어든 후 대부분의 사회에서는 종교나 국가 차원에서 교리와 여러 제도적 장치를 동원해 일부일처제를 장려하였다. 인간 사회에는 남녀 모두 상대방 성의 눈에 들기 위해 노력하는 문화적 현상이 자리 잡았다. 뷰티, 패션, 결혼 풍속, 가족 제도,

각종 사교 모임과 최근의 온라인 소통에 이르기까지 허다하다. 이렇게 일부일처제가 문화적 규범으로 정착하자, 이에 부합하는 유전적 경향이 강화되었다. 일부일처제를 잘 따르는 개인들이 사회에서 더 성공적으로 살아남아 번식할 수 있었고, 이 유전자를 지닌 사람들은 자연스럽게 일부일처제를 장려하는 문화적 규범과 제도를 더 강화시켰다.

인류는 일부다처제를 버렸나?

우리는 지금까지 현대 인류가 일부일처제를 중심으로 짝짓기 체계를 이룬 원인을 살펴보았지만 그렇다고 해서 그 과정이 역사 속에서 매우 흔쾌하게만 이루어진 것은 아닌 듯하다. 인간에게는 여전히 일부다처제의 징표가 신체 곳곳에 남았다. 우선 외형적인 측면을 찾아보자. 일부다처제 동물은 소수의 수컷이 대다수 암컷을 차지한다. 이때 암컷을 독점하는 이른바 알파 수컷은 다른 수컷을 압도할 정도로 큰 몸을 갖고 있는 경우가 대부분이다. 동물의 세계에서 체급의 차이는 곧 경쟁력을 의미한다. 예를 들어, 코끼리물범이나 고릴라 등의 일부다처제 동물들은 수컷이 암컷의 몇 배가 되는 큰 신체를 지닌다. 따라서 암수 몸 크기의 비교는 짝짓기 체제를 짐작하는 지표로 사용된다. 사람의 경우, 몇 배까지는 아니지만 남성이 여성보다 평균적으로 신장과 체격이 크다.

문화는 유전자를 춤추게 한다

또 다른 지표로는 이성을 차지하기 위한 경쟁에 활용할 수 있는, 두드러진 이차성징을 들 수 있다. 일부일처제인 긴팔원숭이는 암수의 외모가 비슷한 모양을 나타낸다. 반면, 일부다처제인 고릴라 수컷은 혹이 달린 듯한 머리와 은갈 색의 등으로 암수가 뚜렷이 구분된다. 수컷 사자만 가지고 있는 갈기도 마찬가지이다. 사람의 경우는 이처럼 뚜렷하지는 않지만, 남성의 각진 얼굴과 수염이나 큰 음경 그리고 여성의 발달한 유방과 엉덩이 등이 같은 경우에 해당한다. 이역시 인간 사회가 본래부터 일부일처제는 아니었을 가능성을 보여주는 증거이다.

인류는 농업을 시작하면서 잉여 생산이 가능해졌고 이로 인해 부와 권력을 집중한 소수 지배계급이 탄생했다. 동물 세계에서 암컷을 독점하는 알파 수컷의 무시무시한 힘과 날카로운 발톱을 인간 세계에서는 부와 권력이 대신했다. 소수의 지배자가 일부다처제를 만끽할 여지가 생긴 것이다. 역대 모로코의 술탄 중 가장 권력이 강하고 성품이 잔인했던 술탄으로 알려진 물라이 이스마일은 궁궐의 하렘에 수백 명의 여인을 두었고 자식이 800여 명이나 되는 것으로 역사에 이름을 남겼다. 제왕까지는 아니더라도 우리나라에서 축첩이 허용되었던 조선시대의 양반 계급은 물론이고, 구한말까지도 부호들이 여러 명의 첩을 거느리는 일은 다반사였다. 예전만큼은 아니지만 아직도 우리는 권력자나 부자들 중 적지 않은 사람들이 실질적으로는 일부다처제나 다름없이 살아간다는 사실을 익히 알고 있다.

이처럼 종종 일부일처제가 아닌 짝짓기 체계에 곁눈질하기도 하지만 오늘날 인류는 대체로 일부일처제 문화를 형성하고 있는데 이러한 사회문화가 유전자에 끼친 영향을 찾을 수 있을까? 매우 많은 유전자가 관여할 것이라 추론할 수 있는데 여기서는 꽤 명백한 두 가지 예를 살펴보자.

먼저 유전자의 99%를 공유하는 북아메리카 초원들쥐와 산악들쥐와의 비교 연구이다. 산악들쥐 수컷은 암컷과 교미 후 떠난다. 아마 이 수컷은 다른 암컷을 찾을 것이다. 남은 암컷은 새끼를 낳아 혼자 키운다. 초원들쥐는 이와 다르다. 수컷은 교미 후에도 암컷 옆에 계속 머무르고 새끼를 같이 양육하는 습성을 지녔다. 이 두 종의 들쥐가 상반된 짝짓기 양상을 나타내는 원인이 무엇인지 연구자들의 관심을 불러일으켰다. 여러 연구 결과 두 들쥐 종의 상이한 짝짓기 행태는 바소프레신 수용체의 차이에 의한 것임이 확인되었다. 연구자들이 초원들쥐의 바소프레신 수용체 유전자를 암컷에 충실하지 않은 산악들쥐에 주입하자 이들도 초원들쥐처럼 일부일처제 특징을 나타내었다.

뇌하수체 후엽에서 합성되는 바소프레신은 신장에서 물의 재흡수를 촉진한다. 이 신경호르몬은 뇌에도 작용한다. 변연계에 분포하는 수용체에 결합하여 다른 구성원과의 사회적 행동 즉, 인식, 소통, 공격, 냄새 표시, 부성 등을 조절하여 짝짓기에 작용하는 것으로 보인다. 인간의 경우, 결혼 생활의 상태와 결혼에 관한 인식을 조사한 결과, 바소프레신 수용체 유전자 중 특정 변이가 많을수록 짝에 대한 충실도가 감소함을 발견하였다. 이러한 유전자에 관한 지식은 인간

문화는 유전자를 춤추게 한다

의 일부일처제가 발전하거나 변화하면서 바소프레신 수용체 유전자에 어떠한 변화가 일어났는지 추적하는 데에 도움을 준다. 이와 함께 사람들의 관계에 관여하는 유력한 신경전달물질인 옥시토신도 짝짓기 체계와 관련이 있는 것으로 알려졌다. 이 두 신경전달물질의 기능에 관한 유전자들이 인간의 결혼제도와 어떤 관련이 있는지에 관한 연구가 더욱 진전되면 인류의 짝짓기 문화와 인간 유전자의 공진화에 대해 우리는 더욱 많은 구체적인 정보를 알게 될 것이다.

일부다처제의 유전적 흔적은 어떨까? 많은 여성과 잠자리를 했던 정복자들이 남긴 유전적 유산을 발견하기는 비교적 쉬운 일이다. 왜냐하면, 남성들은 대를 이어 남아에게 Y 염색체를 전달하기 때문이다. 염색체는 길게 꼬인 이중 나선 DNA와 단백질로 이루어진 구조로, 이와 같은 형태는 세포 분열을 통해 유전 정보를 정확히 전달하고, DNA가 손상되지 않도록 보호한다. 이런 구조 때문에 대학에서 유전학과 분자생물학을 처음 배울 때 흔히 '염색체는 책이고 DNA의 특정 구간인 유전자는 책 속의 문장'과도 같다고 비유하곤 한다.

2003년 영국 레스터대학교 연구팀은 중앙아시아 및 주변 지역에서 약 2,123명의 남성을 대상으로 Y 염색체 유전자형을 분석했는데, 그 중 특정한 Y 염색체 유전 정보가 대략 0.5%의 남성에게서 발견된다는 사실을 밝혀냈다. 이 유전 정보는 주로 몽골과 중앙아시아 지역을 중심으로 분포하기에, 연구진은 이 유전자가 칭기즈 칸(1162~1227)의 직계 후손들에게서 유래했을 가능성이 크다고 추정했다. 인류 역사에서 여러 정복자들이 출현했지만 차지한 영토 크기로 보자면, 가장 압도적인 정복자는 유라시아 대부분을 차지한 칭기즈 칸이라 할 수 있다. 연구진의 추정이 맞다면, 이 위대한 정복자는 영토만큼이나 여성에 대한 욕심도 많았던 모양이다. 연구진에 따르면, 오늘날 아시아 남성 여덟 명 중 한 명, 세계 남성 200명 중 한 명 꼴인 약 2,000만 명이 이 염색체를 갖고 있다고 한다. 정복은 Y 염색체를 남겼다.

근친혼, 집착과 금기의 역사

대부분의 생물종에서 근친교배는 유전적 다양성이 감소하고 열성 유전병 발현 가능성이 증가하기 때문에 번식에 유리하지 않다. 우리 인간도 다른 생물과 마찬가지여서 친족과의 사이에서 자손을 만드는 것이 생존과 번식에 유리하지 않기 때문에 근친혼은 선택되지 않는 방향으로 진화하였다. 생물학이 알려준 교훈은 인간 사회에서 꽤 오래전부터 "근친혼 금기" 규범으로 한 단계 격상되었다. 몇몇 예외도 있긴 하지만, 많은 문화권에는 근친혼 금기를 위한 사회적 장치가 존재한다. 근친혼 금기의 배경부터 살펴보자.

이스라엘의 키부츠는 건국 초부터 1970년대까지 남녀 아이들을 공동으로 양육했다. 키부츠Kibbutz라는 말 자체가 히브리어로 집단, 모임 등을 뜻하는데 이스라엘 건국기에 팔레스타인 지역에 이주

문화는 유전자를 춤추게 한다

한 유대인들이 불모지를 개간하고 농장을 일구기 위한 일종의 공동체를 운영했던 것이다. 키부츠에서 어릴 때부터 부모나 생물학적 친족으로부터 분리되어 유사 가족이랄 수 있는 공동체에서 주로 생활했다. 친족 관계가 아님에도 남녀 사이에는 자연스레 근친만큼 강한 결속력이 생긴다. 그런데 이 아이들이 성장하여 결혼할 때 같은 키부츠 출신 이성과 결혼하는 사례는 극히 찾아보기 힘들다. 구체적으로 2,769명을 대상으로 행한 조사에서 여섯 살 이전부터 함께 성장했던 사람들 사이에서는 한 쌍도 탄생하지 않았다. 연구자들은 키부츠에서 공동으로 양육된 남녀는 일종의 남매 관계가 형성되어 이들 사이에는 성적인 무관심 또는 근친 혐오감이 생긴 결과로 해석한다.

스웨덴의 인류학자이자 사회학자인 에드워드 웨스터마크는 남매는 물론 가까운 친척끼리 결혼을 꺼리는 현상에 관해, 유소년기에 함께 자란 근친끼리는 상대방에 대한 성적인 흥미를 잃는 경향이 나타난다고 주장하였다. 학자들은 이를 '웨스터마크 효과'라 명명하였는데 키부츠의 사례가 이에 해당한다. 대만 소수 민족의 민며느리 제도에서도 유사한 현상이 나타난다. 이들은 세 살도 안 된 영아를 데려다 아들과 함께 키우는 방식으로 결혼을 시킨다. 이렇게 결혼한 쌍은 이혼율도 높고 출산율이 일반적인 부부와 비교해 현저히 떨어진다고 한다.

가까운 친척 또는 함께 자란 사람들 사이에 성적 끌림을 느끼지 못하는 현상이 왜 생겼을까? 인류 진화의 특정 단계에서 어릴 때부터 같이 자란 남매나 가까운 친척에게 성적 흥미를 느껴 짝짓기를 한 사람들과 그렇지 않은 사람들이 모두 자손을 얻었다고 가정해 보자. 치명적이거나 해로운 유전자는 대부분 사람에게 조금은 있다. 남매나 가까운 친척이 부모인 경우, 양쪽은 모두 자손에게 같은 종류의 치명적인 유전자들을 물려주었을 가능성이 크다. 이들의 자손들은 탄생 또는 생존이 쉽지 않았을 것이다. 바로 '근친교배 열세'라는 현상이다.

어릴 때부터 같이 자란 혈연으로부터 성적인 흥미를 느끼지 않은 사람들을 보자. 이들은 당연히 혈연이 아닌 사람을 짝으로 맞이했다. 이들 사이에서는 같은 종류의 해로운 유전자를 공유할 가능성이 적고 다른 유전자가 섞여 건강한 자손을 얻었을 가능성이 크다. 이 자손들은 어릴 때부터 같이 자란 혈연으로부터 성적 흥미를 느끼지 않는 유전자도 물려받는다. 이들은 혈연 사이의 자손들보다 건강하여 더 번성했을 가능성이 크다. 현존하는 인류는 대개 이들의 자손이고 그래서 사람들은 친척은 물론, 키부츠처럼 어릴 때 같이 자란 대상에게서 성적 흥미를 느끼지 못한다.

근친혼은 대부분 사라졌지만, 완전히 사라진 것은 아니다. 근친교배 열세의 예는 여러 곳에서 찾아볼 수 있다. 예를 들어, 지적 장애를 유발하는 유전병인 페닐케톤뇨증이 발생할 빈도는 근친혼의 경우 그렇지 않은 부부에 비해 두 배 이상 높다고 알려졌다. 이러한 사례는 체코슬로바키아, 스웨덴, 프랑스, 일본 등 여러 나라에서 보고되었다. 왕족과 유대인 사회를 포함하여 세계 어느 문화권이나 나라를 대상으로 하더라도 비슷한 예를 발견할 수 있다. 아이러니하게도 진화를 연구한 생물학자 찰스 다윈 역시 근친혼의 피해자였다. 찰스 다윈은 사촌인 엠마 웨지우드와 1839년에 결혼하여 10명의 자녀를 얻었으나 그 중 셋은 어린 나이에 세상을 떠났고 살아남은 자녀 중에서도 세 명은 결혼 후 불임을 겪었다고 한다.

근친혼의 부정적 영향을 경험한 인류는 대책을 마련하기 시작하였다. 그 결과, 많은 문화권에서는 근친혼을 금지하는 문화, 법, 제도 등 사회문화적 장치가 출현하였다. 우리나라도 법적으로 8촌까지 친족끼리의 결혼을 금지한다. 민법 제809조에서는, '8촌 이내의 혈족 사이에서의 혼인, 6촌 이내 혈족의 배우자, 배우자의 6촌 이내의 혈족, 배우자의 4촌 이내의 혈족의 배우자인 인척과의 혼인, 6촌 이내의 양부모계의 혈족이었던 자, 4촌 이내 양부모계의 인척이었던 자' 등과의 결혼을 금지하고 있다.

강제력을 지닌 이 법 조항은 친족 사이의 결혼을 막아 비슷한 유전자끼리 섞이는 경우를 줄이려는 사회적 고심을 반영한 것이라 할 수 있다. 그러나 한편으로는 사람들이 이 법률이 규정한 그대로 지켜야 하는지 의문이 있기도 하다. 우선 촌수에 따라 얼마나 유전자가 공유되는지를 따져보자. 서로 4촌이면 유전자를 1/8 정도 공유한다. 6촌이면 1/32, 8촌이면 1/128 정도 공유한다. 사람에 따라 8촌 정도면 공유 정도가 적다고 생각할 수도 있다. 공유 정도도 중요하지만 고려해야 할 더 중요한 문제는 유전적 장애를 공유하는가이다. 현대는 유전체 분석이 가능한 시대이다. 문제가 발생할지 검사해 보면 된다. 우리는 서로 진심으로 사랑한다면 촌수가 문제가 되지 않게 대책을 세우는 것이 가능한 시대에 살고 있다. 실제로 현명한 판단으로 집단 내에서 근친혼의 위험을 상당히 극복한 사례가 있다.

20세기 중후반 유럽의 아시케나지ashkenazi 유대인들은 지혜를 발휘하여 치명적인 테이-삭스병의 발생 빈도를 크게 낮췄다. 디아스포라로 유명한 유대인들은 혈통을 유지하기 위해 부단히 노력해 왔다. 그 결과, 유대인 고유의 문화를 지키고 발전시키는 면에서는 일정 정도 성과를 얻었지만, 부작용이 따랐다. 중부 유럽계 유대인, 즉 아시케나지 유대인들은 테이-삭스병 발병률이 3,600명당 한 명 정도이다. 이는 다른 유대인 집단의 100배나 높은 비율이고 유대인이 아닌 집단과 비교하면 훨씬 높은 비율이다. 테이-삭스병은 열성 유전병으로 부모 모두가 이 유전자를 자손에게 전달해야만 발병한다. 이 유전병에 걸리면, 지질 대사가 제대로 일어나지 않아 뇌 여러 곳에 기름 덩어리가 축적된다. 그 결과, 경련과 시력상실이 일어나고 운동과 지적 능력이 퇴화한다. 이 증상은 유아 때 나타나 이 유전병을 지닌 아이는 출생 후 수년 이내에 사망한다. 아시케나지 유대인 사회는 이 무서운 저주를 극복하기 위해 1969년부터 유전자 검사를 시작하였고 이를 토대로 결혼과 산아 계획을 세웠다. 이러한 집단 노력으로 그들은 테이-삭스병 발병률을 75%나 줄일 수 있었다.

문화는 유전자를 춤추게 한다

긍정적이지 않은 문화의 부작용

유전자·문화 공진화 이론은 생물학적 특징 때문에 특정 문화가 출현하고 이 문화가 유전자에 변화를 유도한다고 주장한다. 여기서 유전적 변화는 궁극적으로 인간의 생존과 번식에 유리한 변화이다. 다만, 이 이론은 문화와 유전자의 진화 속도가 다르다는 점도 주목한다. 유전자가 비교적 긴 시간에 걸쳐 세대를 거듭하며 서서히 확산하는 데 비해 문화는 때로 단기적으로 출현하거나 급변하기도 한다. 따라서 공진화 과정의 일부 기간에는 양자의 속도 차이 때문에 일시적으로 인간에게 생물학적으로 긍정적이지 않은 특정 문화가 나타나기도 한다. 유전자·문화 공진화론의 이런 시각은 인간의 진화에 관한 다른 이론에서 보기 힘든 독특한 점이다.

문화와 유전자가 단기적으로 충돌하면서 진화적 성공에 역행하는 양상을 나타내는 대표적인 사례가 근친혼 문화다. 앞에서 살펴본 아시케나지 유대인만이 아니라 근대 초반까지 유럽 왕족 일부에서도 고귀하고 순수한 혈통을 지킨다는 명목 아래 근친혼이 성행했었다. 그 이면에는 가까운 친지끼리 결혼을 함으로써 왕족의 재산을 지키려는 경제적 동기도 강하게 작용했다. 어쨌든 이들은 근친혼의 위험성을 사회문화적 장치를 통해 제한하려는 인간 사회의 경험을 애써 무시함으로써 결과적으로 자청하여 '사람을 대상으로 한 근친교배'의 실험 기록을 후대 과학자들에게 남겨 주었다. 사실 생물학을 비롯한 자연과학이 발전하려면 실험이 매우 중요하지만, 인간을 대상으로 한 실험은 윤리적인 측면에서 쉽게 시행하기가 어렵다.

근친혼이 남긴 우스개 이야기가 있다. 신성로마제국의 황제이며 스페인 왕인 카를 5세가 처음 스페인에 도착했을 때, 그를 처음 본 한 농부가 왕을 걱정하는 충성심을 담아, "폐하! 스페인의 파리는 예의를 모르니 입을 다무셔야 합니다!"라고 아뢰었다는 것이다. 이 유머는 합스부르크 가문에 저주처럼 내려오는 유전병을 이해해야 제대로 즐길 수 있다. 합스부르크 가문은 유럽에서의 강력한 영향력을 유지하기 위해 혈통의 순수성 보존에 집착했다. 합스부르크 왕족들은 왕가 내 가계들 사이에서 근친혼을 반복하였고 그 결과 합스부르크 가문 특유의 특징을 지닌 얼굴이 대대로 유전되었다. 카를 5세가 대표적인데 그는 주걱턱, 두꺼운 아랫입술, 콧대의 중간이 돌출된 매부리코, 납작한 광대뼈, 약간 뒤집힌 아래쪽 눈꺼풀 등의 외모로 사람들 입에 오르내렸다. 특히 거의 입을 똑바로 다물기 힘들 정도로 심했던 주걱턱은 9세대에 걸쳐 거듭 유전된 근친혼의 증표이자 합스부르크 왕가의 상징이 되고 말았다. 영국의 빅토리아 왕조도 마찬가지로 결혼을 반복하여 자손들에게 골고루 혈우병을 남겨주었다. 이 외에도 이집트의 남매간 결혼 풍습이나 일본 왕조의 근친혼, 최근까지도 이란, 페루, 하와이, 서사모아 등 꽤 많은 왕조에서도 이와 비슷한 예가 많이 알려져 있다.

근친혼처럼 진화에 도움이 되지 않는 또다른 성 문화의 사례가 바로 여성 할례이다. 세계보건기구WHO는 2024년 2월 5일에 여성 할례에 관한 글을 게시하였다. 이 글에서 WHO는 아프리카, 중동, 아시아 등 30개 국가에서 2억 3,000만 명 이상의 여성이 할례의 위협에 시달리고 있다고 주장했다. 할례는 15세 이하의 어린 여성을 대상으로 행해진다. 여성 할례의 경우 음핵의 일부를 제거하는 형태부터 음부의 모든 외부 생식기를 제거하는 형태까지 네 가지 타입이 있다. 음핵을 제거하는 것은 생물학적 발생 기원을 비교하면, 남성의 경우 귀두 제거에 해당한다. 건강과 성생활의 여러 측면에 백해무익한 것이 여성 할례이다. 할례를 받은 여성은 소변을 볼 때 통증을 느끼고 질에 감염이 생기기 쉬우며 성관계 때 즐거움 대신 고통을 느끼게 된다. 게다가 출산 때 과다 출혈과 사산의 위험성도 있다. 할례로 인해 유발된 건강 문제를 해결하는 데에만 매해 2조 원에 육박하는 경비가 필요하다고 WHO는 추산한다.

과학과 의학의 영향으로 지금은 여성 할례의 부정적 영향이 널리 알려졌지만, 몇몇 문화권에서는 여전히 할례가 여성성을 증가시키고 결혼 전 성적 방종 억제를 위해 필요하다고 주장한다. 그러나 이는 남성 중심의 지배 권력 유지를 위해 여성의 성적 자유를 억압하는 대단히 부적절한 문화일 뿐이다. 생물학적인 생존과 번식에 도움이 되지 않는 이런 문화는 일부 왕족의 근친혼과 마찬가지로 종국에는 사라질 것이다.

유전자와 문화는 인류 역사 전체를 놓고 장기적으로 공진화의 길을 걸어왔지만, 인간의 여러 이해관계나 욕심과 아집은 종종 생물학적으로 인류에게 유리하지 않은 문화를 일시적으로 형성하기도 한다는 점을 간과하지 말아야 한다. 여성 할례, 근친혼, 여성에 대한 차별, 우생학, 인종 차별, 노예제 등등은 한때 분명히 존재했거나 지금도 일부 존재하는 문화이긴 하지만 인류의 건강이나 발전과는 거리가 멀다. 인간 사회를 바라볼 때 생물학적 시각과 문화적 시각이 골고루 필요함을 이런 사례들이 일깨우는 것 같다.

참고문헌

최정균 (2024) 유전자 지배사회, 동아시아.

롭 브룩스 (2015) 매일매일의 진화생물학, 최재천·한창석 역, 바다출판사.

루이스 다트넬 (2023) 인간이 되다, 이충호 역, 흐름출판.

마이클 셔머 (2015) 도덕의 궤적, 김명주 역, 바다출판사.

사라 블래퍼 흐르디 (2006) 여성은 진화하지 않았다, 유병선 역, 서해문집.

에드리언 포사이스 (2001) 성의 자연사, 진선미 역, ㈜양문.

제러드 다이아몬드 (1997) 섹스의 진화, 임지원 역, 사이언스북스.

제러드 다이아몬드 (1993) 제3의 침팬지, 김정흠 역, 문학사상사.

제이 펠런 (2021) 생명이란 무엇인가? 활용할 수 있는 지식과 생리학, 장수철 등 역, 월드사이언스.

Carter CS, DeVries AC, Getz LL (1995) Physiological substrates of mammalian monogamy: the prairie vole model. *Neuroscience & Biobehavioral Reviews* 19: 303–314.

Gobrogge KL, Liu Y, Young LJ, Wang Z (2009) Anterior hypothalamic vasopressin regulates pair-bonding and drug-induced aggression in a monogamous rodent. *Proceedings of the National Academy of Sciences USA* 106(45): 19144–19149.

Grebe NM, Sharma A, Freeman SM, Palumbo MC, ..., Drea CM (2021) Neural correlates of mating system diversity: oxytocin and vasopressin receptor distributions in monogamous and non-monogamous Eulemur. *Scientific Reports* 11: Article number 3746.

Liu Y, Curtis JT, Wang Z (2001) Vasopressin in the lateral septum regulates pair bond formation in male prairie voles (*Microtus ochrogaster*). *Behavioral Neuroscience* 115(4): 910–919.

Nair HP, Young LJ (2006) Vasopressin and pair-bond formation: Genes to brain to behavior. *Physiology* 21(2): 146–152.

Walum H, Westberg L, Henningsson S, Neiderhiser JM, ..., Lichtenstein P (2008) Genetic variation in the vasopressin receptor 1a gene (AVPR1A) associates with pair-bonding behavior in humans. *Proceedings of the National Academy of Sciences USA* 105: 14153–14156.

Wilson M, Daly M (1992). "Chapter 7: The Man Who Mistook His Wife for a Chattel". In Barkow JH; Cosmides L; Tooby J (eds.). The Adapted Mind. Evolutionary psychology and the generation of culture. New York: Oxford University Press. ISBN 978-0-19-510107-2. p. 190.

Young LJ, Nilsen R, Waymire KG, MacGregor GR, Insel TR (1999) Increased affiliative response to vasopressin in mice expressing the V1a receptor from a monogamous vole. *Nature* 400(6746): 766–768.

Zerjal T, Xue Y, Bertorelle G, Wells RS, ..., Tyler-Smith C (2003) The Genetic Legacy of the Mongols. *American Journal of Human Genetics* (2003) 72(3): 717–721.

6장

이토록 스마트한
인류라니!

300만 년 동안 세 배 늘어난 뇌 용적

뇌는 신체의 모든 활동을 관장하는 통제 센터이다. 신체의 모든 감각 신호 전달과 운동, 호흡, 순환, 소화 등 기본적인 생리 조절이 뇌를 통해 이루어진다. 먹고 배설하고 짝짓기를 하는 본능적인 활동은 물론 언어를 사용하고 문제 해결을 궁리하고 "내가 좋아하는 그녀도 나에게 관심이 있을까?"와 같이 남의 머릿속을 그려보는 추상적 활동도 모두 뇌를 통해 이루어진다. 이처럼 많은 일을 하는 뇌도 모든 신체 부위가 그렇듯이, 생존을 위해 기능하면서 변화하고 선택되어 현재에 이른 진화의 산물이다.

이미 앞의 여러 장에서 설명했듯이 인류의 진화는 어느 단계에서부터는 자연선택에 의한 진화와 함께 문화의 영향을 크게 받는 공진화가 동시에 병행되었는데, 특히나 뇌 용적의 증가는 인류 진화에서 문화의 영향력이 얼마나 두드러졌는지 잘 보여주는 사례여서 공진화 연구자들의 많은 주목을 받는다.

뇌 용적이 증가하는 진화 과정에는 당연히 성선택, 육식과 생태학적 변화 등 생물학적 요인이 작용하였다. 급격히 변하는 기후에 대응하는 과정에서 뇌 크기가 증가했다는 주장도 주목할 만하다. 그런데 인간 뇌의 진화에는 도구의 개발과 사용, 사냥과 채집, 불을 이용한 조리 등의 사회적, 문화적 활동 역시 큰 비중을 차지한다. 문화 출현 이전 단계인 약 400~200만 년 전에 존재했던 인류의 조상 종인 오스트랄로피테쿠스*Australopithecus*의 뇌 용적은 350~550cc 정도로 침팬지와 거의 비슷한 수준이었다. 도구를 사용하고 간단한 사냥 활동을 하는 등 문화의 초기적 형태가 나타나기 시작한 280~180만 년 전의 호모 하빌리스*Homo habilis*의 뇌는 500~700cc 정도로 추정되며, 불을 사용하고 눈에 띄게 사회성 증가가 이루어진 호모 에렉투스 *Homo erectus*(750~1,250cc)를 거쳐 현생 인류인 호모 사피엔스에 이르면 뇌 용적이 1,300~1,600cc로 증가했다. 호모 하빌리스부터 오늘날까지 약 300만 년 동안 인간의 조상 종 또는 호미닌들은 뇌 용적을 세 배나 증가시킨 것이다.[21]

새로운 능력이 생기거나 기존 능력이 확장되면 동물은 중추인

---

21. 현생 인류를 포함하여 침팬지와 갈라진 후 출현했던 모든 조상을 호미닌 또는 사람류라 한다. 뇌 크기 증가는 호모 하빌리스 때부터 일어난다고 알려져 있는데, 하빌리스 화석이 280만 년 전인 점을 본다면, 약 300만 년 동안 뇌 용량 증가가 진행되었다는 표현이 무리는 아닌 것 같다.

문화는 유전자를 춤추게 한다

뇌의 크기를 늘려 대응한다. 인간의 경우, 점점 직립 이족보행이 완전해지면서 도구 제작, 육식, 사냥과 채집, 언어, 농업 등 여러 능력 등이 진화했다. 이에 따라 인간은 뇌 용적이 상당히 늘어나는 진화를 거쳐 '머리 큰 동물'이 되었다. 화석 증거와 DNA 증거로 보아 약 30~20만 년 전에 아프리카에서 출현한 우리 호모 사피엔스*Homo. sapiens* 종 뇌 용적은 절대적인 비교에서는 덩치가 큰 코끼리나 말보다는 작지만, 몸집 대비 뇌 용적의 비율은 단연 챔피언급이다. 예를 들어 인간의 평균 몸무게를 70kg, 평균 뇌 용적을 1,350cc라 할 때 몸무게 대비 뇌 용적 비율(cc/kg)은 19.3인데 이는 침팬지(10.0), 돌고래(8.0), 개(4.7), 코끼리(1.1)에 비해 월등하다.

소통해야 살아남는다

우리 종은 다른 사람들과의 관계 속에서 여러 가지 도움을 주고 받으면서 성공적으로 생존할 수 있었다. 호모 사피엔스는 그 어떤 호미닌과 비교해도 단연 소통 대상이 많았다. 상호작용할 사람이 많아질수록 뇌 용적이 비례하여 증가한다.

옥스퍼드대학교의 진화인류학자인 로빈 던바는 현존하는 수렵 채집 집단의 공동체 구성 인원, 군대의 구성, 실제로 연락을 주고받는 사람 수 등에 대한 조사를 근거로 현생 인류의 개인 사회적 관계망이 대략 150명 정도의 친구와 가족으로 구성된다고 주장하였다.

이를 '던바의 수'라고 한다. 이 수는 신뢰와 의무를 바탕으로 상호 관계를 맺는, 즉 실제로 일정 정도 인맥이 유지되는 사람의 수를 가리킨다. 이는 인류의 두뇌 용적이 150명 정도의 사람은 감당할 수 있다는 뜻이다. 던바는 두뇌 용적이 집단의 수와 비례 관계가 있음을 확인하였고 이를 근거로 여러 호미닌을 대상으로 던바의 수를 추정하였다. 이에 따르면, 네안데르탈인은 150명보다 약간 적거나 같고, 호모 에렉투스는 60명, 호모 하빌리스를 포함한 다른 호미닌은 대략 30~40명이다. 결론적으로, 던바의 수는 호모 사피엔스의 뇌가 큰 주요한 이유가 상호작용할 대상이 많기 때문임을 의미한다.

사회성은 포식자에 대항하여 생존하기 위해 분투하는 과정에서 생겨나고 발전하였다. 인류도 예외는 아니었는데 호모 사피엔스는 위협이 되는 동물들과는 물론이고 특히 웬만한 포식자보다 더 무섭고 강력한 다른 호모 사피엔스 무리와도 때로는 싸우거나 교류하는 등의 대응을 해야 생존할 수 있었다. 이는 생존을 위해 남의 의도를 읽고, 신뢰와 협조를 얻거나, 경쟁자를 다루는 등의 사회적 능력이 발달해야 했음을 의미한다. 집단의 크기가 더 커짐에 따라 개인 사이 그리고 집단 간의 소통이 빈번해지면서 사회성이 증가했다. 이 상호작용은 현생 인류가 진화하는 단계에서 기술을 교환하고 서로의 마음을 읽으며 감정적 친밀함을 나누는 데에도 중요한 역할을 하였다. 그 흔적은 현대 사회에도 여기저기 널려있다.

하버드대학교에서 인간 진화를 연구하는 조지프 헨릭은 『호모 사피엔스, 그 성공의 비밀』에서 19세기 당시 가장 발전한 영국의 기술로 무장하고 북극으로 향했던 존 프랭클린 경이 이끄는 탐험대의 비극적 최후를 들려준다. 이들 탐험대는 해빙에 갇혀 배를 버리고 킹윌리엄섬에 주둔지를 마련했으나 엄혹한 환경을 극복하지 못하고 대원 전원이 사망했다. 그들은 발달한 문명의 이기에 철저히 의존했지만, 현지인들의 생존 지혜를 받아들이려는 노력은 기울이지 않았다. 이들보다 50여 년 뒤 노르웨이 탐험가 로얄 아문센의 원정대가 같은 곳을 탐험할 때는 북극에서 생존 기술을 축적한 이누이트족의 도움을 받아 탐험을 무사히 마쳤다. 이는 인류의 생존에 기술과 지식의 교류가 중요함을 잘 보여주는 예에 해당한다. 헨릭은 또 오스트레일리아 대륙과 분리된 후의 태즈메이니아섬에 주목했다. 기후변화로 해수면이 높아지면서 약 1만 2000년 전 태즈매니아는 오스트레일리아 대륙에서 섬으로 분리되어 적은 인구만 남았다. 사람들 사이의 교류는 당연히 줄었고 그 결과, 생존에 필요한 여러 기술이 발전, 유지는커녕 퇴보하거나 사라졌다. 시간이 지나면서, 인구는 더 줄어들고 다시 기술이 퇴보하는 악순환이 멸망에 이를 때까지 반복되었다. 헨릭의 연구는 인류의 발전에서 교류의 중요성을 보여준다.

호모 사피엔스의 뇌 진화에는 도구의 제작과 사용도 영향을 미쳤다. 현생 인류의 조상은 대략 10만 년 전부터 동물의 뼈, 뿔, 상아 등을 이용한 정교한 도구를 사용하였고 신석기 시대에 오면 던지는 창끝, 돌화살촉, 비수 등 다른 종의 호미닌과 구분되는 기술의 발전도 이루어 냈다. 사냥 도구를 포함한 기술의 발전에도 사람들 사이의 협력은 유효하게 작용했다. 용도에 맞게 정교하게 잘 다듬어진 도구를 발전시키려면 지능도 향상되어야 하지만, 사람들 사이의 협력도 필수적이다. 협력의 증가 즉 사회성의 증대가 뇌 용적 증가에 영향을 미쳤다.

사냥 방법, 즉, 사냥 전략을 만들고 수행하기 위해 어떻게 힘을 모았는지에 관해서도 주목할 필요가 있다. 육식을 시작한 호미닌은 사냥 효과를 더욱 높일 필요가 있었고 이는 공동 사냥을 촉진했다. 이러한 현상은 호모 하빌리스와 호모 에렉투스 집단에서도 일어났다. 호모 사피엔스는 이들에 비해 더 빈번하게 대규모 공동 사냥을 전개했다. 사냥 도구 그리고 집단적 사냥 기술의 발전을 위해서 집단 내 구성원들 사이는 물론 멀리 떨어진 다른 호모 사피엔스 집단과도 협력이 필요하였다. 결론적으로, 조상 호미닌보다 훨씬 빈번한 협력과 경쟁을 통한 호모 사피엔스의 사회성 발전은 사냥과 채집 기술의 수준을 더 높였고 인간의 사회적 지능을 향상시켰으며 뇌 용적 증가의 주요한 요인을 형성했다.

상징적 사고 능력과 사회성

호모 사피엔스의 또 하나의 중요한 특징은 상징적 사고를 포함한 인지 능력이 뛰어났다는 점이다. 사회성과 인지 능력은 서로를 고양시켰다. 학자들은 유전적 변화 결과 10만 년 전부터 호모 사피엔스는 자신과 타인에 대한 인지 능력이 발달하면서 의사소통이 더 효과적으로 이루어졌다고 추측한다. 7만 7,000년 전 황토 판에 새겨진 기하학적 무늬, 7만 5,000년 전 다듬어진 정교하게 구멍이 뚫린 타조알과 달팽이 껍질, 3만 년 전부터 발견되는 장대한 동굴 벽화 등은 예술 행위의 결과로 보이고 인간이 상징적 또는 추상적 사고 능력이 있음을 나타낸다. 상징적 사고가 가능하다는 것은, 사고 주체가 자기 자신임을 의식하고 타인들도 그렇다는 것을 의식하여 이를 전달할 수 있게 되었음을 의미한다. 그 결과 사람들의 상호작용은 질적으로 달라진다.

인지 능력이 발달한 예는 인간의 여러 행위에서도 발견된다. 예를 들어, 빠르면 약 10만 년 전 이후 석기 시대의 인류는 이질적 요소를 결합하는 능력을 발휘하여 다양한 모양의 돌 칼날 등 석기를 비롯한 새로운 도구를 제작했다. 이외에도 옷 입기, 장신구로 치장하기, 머리 손질하기, 문신과 바디 페인팅 등 문화적 다양성과 개성을 창출하였다. 이들은 또 사후 세계를 인식할 수 있었고, 장신구나 몸의 문신 등에서 볼 수 있는 것처럼 상징에 몰두하기도 하였다. 이와 같은 자전적 기억과 지속적인 여러 인지 능력 획득은 사회적 상호작용과 연결되었다. 이러한 상호작용은 이후 농경의 시작과 함께 지속, 발전하여 현재까지 우리가 존속하고 더 나아가 번영할 수 있는 이유가 되기도 한다.

뇌 크기의 증가와 관련하여 살펴볼 점은 기술 발전, 인지 능력을 장착한 사회성, 뇌 진화 등의 상호 관계에 관한 성찰이다. 영국의 세인트앤드루스대학교에서 진화생물학을 연구하는 케빈 랠런드는

양성 되먹임 작용[22] 또는 상승작용이라는 메커니즘으로 기술과 사회성, 뇌 크기 증가의 관계를 설명한다. '문화적 추동'이라 이름을 붙인 이 주장은 다음과 같다. 특정 집단 내에서 생존에 도움이 되는 새로운 습관(또는 기술)이 생기게 되고 집단 내에서 이를 인지하여 모방하는 능력이 개선되는 (유전자를 지닌) 개체는 생존에 유리하므로 선택된다. 여러 세대를 지나면서 반복한 결과 큰 두뇌를 만드는 유전자가 진화한다. 두뇌 크기가 조금씩 증가할 때마다 해당 집단에서 새로운 습관을 만들고 확산하는 능력이 향상된다. 이 되먹임 과정에서 새로운 습관을 모방하는 것을 '사회성'으로 간주하는데, 집단이 커지고 다른 개체들과 많은 시간을 함께 보낼수록, 즉 사회성이 증가할수록 모방 능력을 발휘하는 뇌가 더 커지는 것이다. 여기에서 호모 사피엔스의 특징이 발견된다. 그렇지 않아도 발달한 상징적 사고 능력으로 인해 늘어난 사회성이 다른 동물 또는 다른 호미닌 종들과 비교할 수 없을 정도로 더 커진다는 점이다.

---

22. 일정한 과정을 구성하는 요소들이 서로의 기능을 증가시키는 되먹임 작용, 즉 A가 B를 증가시키면, 증가한 B가 A를 다시 증가시키는 작용 양상을 말한다. 예를 들어, 병원체가 우리 몸에 침투하면, 대식세포와 항체가 서로의 활성을 증가시켜 이른 시간 내에 병원체와의 싸움을 효과적으로 수행한다.

문화는 유전자를 춤추게 한다

우리 종만 살아남은 이유

현재 우리 현생 인류는 상당히 외로운 종이다. 사실 우리 종은 약 30만 년 전 출현한 이래로 꽤 오랫동안 혼자서만 존재하지는 않았다. 2만 7,000년 전에 사라진 호모 에렉투스, 약 60만 년 전부터 늦어도 4만 년까지 존재했던 네안데르탈인*H. neaderthalensis*과 데니소바인, 150만 년에서 10만 년까지 존재했던 호모 날레디*H. naledi*, 약 10만 년 전부터 1만 2,000년까지 존재했던 호모 프로레시엔스 *H. floresiensis* 등 최대 다섯 종 이상의 호모들과 공존한 시점도 있었다. 그런데 모두 멸종하고 우리 종만이 현재까지 살아남았다. 네안데르탈인은 멸종했지만 호모 사피엔스는 지금까지 살아남은 이유는 무엇일까? 기술, 지능, 사고력 등에서 차이가 있지만, 역시나 우리 종이 궁극적으로 사회성 면에서 압도적이었기 때문이라는 견해가 가장 유력하다.

네안데르탈인은 현생 인류와 비교해 크게 다른 것 같지 않다. 키는 약간 작지만 다부지고 근력은 우리보다 더 강하다. 수명도 비슷했고 언어 능력과 관련성이 깊은 *FOXP2* 유전자가 인간과 같아서 언어를 만들어 사용할 잠재력도 비슷하다. 문화적인 면에서도 네안데르탈인은 불을 사용했고 발달한 석기를 만들어 사용했으며 사냥 기술 또한 상당했던 것으로 보인다. 예를 들어, 네안데르탈인의 주먹도끼는 30만 년 전에 출현하였고 주먹도끼의 파편을 이용한 긁개와 찌르개를 만드는 등 도구는 꽤 발전을 이루었다. 개인 차원의 비교에서는 네안데르탈인과 호모 사피엔스 사이에 사냥 기술의 차이가 뚜렷하지 않았지만, 사회성 측면에서는 호모 사피엔스가 월등했던 것이 결정적 차이를 낳았다. 뇌 크기만 본다면, 이미 언급하였듯이 개인의 사회적 관계망 지표인 던바의 수는 두 종 사이에서 차이가 없다. 하지만 던바의 수는 추정된 결과여서 실제로도 차이가 없었는지는 의문이 남는다.

던바의 수 예측과 달리, 고고학 조사 결과에 따르면, 네안데르탈인은 대개 10~30명(최대 50~60명) 정도의 소규모로 집단을 이루어 동굴 등의 장소에서 생활하였다. 게다가 집단 간 거리는 거리가 매우 멀리 떨어져 다른 집단과의 교류는 매우 제한적이었다. 이와 비교한다면, 현생 인류는 집단 구성원이 백수십 명 정도였고 집단끼리의 거리도 가까워 집단 내에서는 물론이고 집단 사이의 소통이 훨씬 많았다. 따라서 사람들이나 집단 사이의 관계와 이에 따르는 사회적 책임이 네안데르탈인과 비교해 훨씬 더 많고 복잡했다. 이런 관계 속에서 호모 사피엔스는 상대적으로 이방인을 더 자주 접할 수 있었고, 상호교류 기회가 빈번했다. 특히 농사를 시작하고 정주 생활을 하면서는 비교적 안정적으로 접촉할 수 있는 사람이 대폭 늘어났고 자연히 사회적 교류가 폭발적으로 증대했다. 이쯤 되면 우리의 여러 사촌 호모 종들이 멸종하지 않고 남았더라도, 호모 사피엔스의 발전된 문화와는 격차가 컸을 것이다.

추상적인 사고력도 호모 사피엔스가 네안데르탈인과 비교해 큰 차이를 나타낸다. 예를 들어, 네안데르탈인은 무덤을 남기지 않았다

문화는 유전자를 춤추게 한다

고 보는 견해가 유력하다. 시신을 매장한 흔적이 발견되기는 하였으나 이것을 무덤으로 볼 수 있는지를 놓고 학자들 사이에 의견이 분분하다. 무덤은 단지 시신을 처리하는 매장 방식 이상의 의미가 있다. 죽음에 대한 인식, 사회적 유대, 사자에 대한 존중과 공동체적 의례의 출현 등을 뜻하기 때문이다. 네안데르탈인은 이외에도 예술적이거나 상징적으로 해석될 만한 것을 만든 증거가 적어 호모 사피엔스와 다른 특징을 나타낸다. 최근 연구에 따르면, 원시적이지만 복잡한 내용을 전달할 정도의 언어는 구사한 것으로 보인다. 도구를 살펴보면, 네안데르탈인은 석기는 물론 뼈, 나무, 뿔 등을 사용하여 망치를 만드는 등 대표적인 중석기 문화인 무스테리안 문화Mousterian culture[23]를 꽃피웠다. 다만, 오랜 기간 발전이 매우 더디게 일어난 것으로 알려져 있다. 네안데르탈인의 석기도 우수하지만, 제작의 효율성, 사용의 다양성, 성능 면에서 비교해 보면 현생 인류에 뒤처지는 것으로 보인다. 게다가 사회성은 이러한 차이를 더 늘리는 촉진자 역할을 하였다.

미국 듀크대학교에서 진화인류학을 연구하는 브라이언 헤어와 버네사 우즈는 '인간의 자기 가축화'라는 개념으로 사회성과 인간의 뇌 진화에 관한 설명을 시도한다. 이들은 소련 과학 아카데미의 세포학 및 유전학 연구소 소장을 역임한 드미트리 벨랴예프가 은여우를

—— **23.** 16만~4만 년 전에 해당함. 이후 네안데르탈인은 더 발전한 샤텔페로니안(Châtelperronian) 시대를 열었다.

가축화하는 과정에 주목하였다.

벨랴예프 연구팀은 인간에게 친근하게 다가오는지를 기준으로 개체들을 선택하고 번식을 시키는 실험을 반복하였다. 연구팀은 인간과 감정적으로 가까워지는 이 과정을 가축화라 하였다. 헤어와 우즈는 이 과정을 인간에게 적용하여 인간도 인간에 대한 감정반응으로 선택되었을 가능성을 제안하고 이를 '자기 가축화'라 하였다. 자기 가축화란, 인간이 인간 자신 안에서 공격적이지 않고, 협력적이며, 사회적인 성향을 지닌 개체들을 사회적 압력이나 선택을 통해 더 선호하고 번식시켜 왔다는 뜻이다. 이는 인간이 진화하는 과정에서 협력적 의사소통 능력이 향상되었고, 이와 함께 선택된 감정반응으로 인해 포용력이 늘어났다는 의미이다. 이로써 현생 인류는 다른 호미닌과 비교되지 않을 정도로 사회연결망의 급속한 확장이 가능해지고 이 연결망은 기술 발전을 이끌게 되는 발전적 순환 과정을 유도하였다. 결과적으로, 자기 가축화는 다른 호모 종과 비교해 우리 호모 사피엔스 종의 생존에 더 도움을 제공한 셈이다.

뇌 진화의 다른 방법

지금까지는 대체로 뇌 용적이 커지면 그만큼 뇌의 능력이 클 것이라는 전제 아래 논의를 전개하였다. 몸 기능이 늘어나면, 그에 따라 중추 역할을 하는 뇌가 커지고 필요한 만큼 신경세포가 늘어날 것이다. 이 추론은 대부분 유용하고 옳지만, 다음의 경우처럼 뇌의 능력이 항상 크기와 비례하는 것은 아니다.

첫째, 현생 인류의 뇌는 신경세포가 많이 늘어나는 진화를 겪었는데 피질 $1mm^3$당 신경세포가 2만 5,000~3만 개나 들어 있어 고래와 코끼리의 6,000~7,000개보다 월등히 많다. 즉, 우리의 뇌는 단위 부피당 신경세포가 많아 밀집도가 큰 특징을 나타낸다. 둘째, 인류의 축삭은 신경 자극을 전달하는 데에 도움이 되는 말이집이 두툼하다. 반면, 고래와 코끼리는 뇌는 크지만, 말이집이 상대적으로 얇아 신경 자극의 전달 속도에서 큰 차이가 난다. 셋째, 인간의 뇌는 신경세포끼리의 연결이 더 많다. 연결이 많으면 신경세포 부위 중 축삭의 비중이 커지는데, 침팬지와 비교해 현생 종은 축삭이 모인 백색질이 31%나 많다. 넷째, 뇌의 주름을 늘림으로써 뇌의 표면적을 증대시켰다. 특히 전두엽과 두정엽은 인간 뇌에서 가장 주름이 많은 부위인데 이 두 영역은 사고와 정보 통합을 담당한다. 이들 부위의 주름이 발달한 것은 다른 영장류의 뇌와 확연히 구분되어 인류 진화의 주요한 특징 중 하나를 나타낸다. 독특한 진화 양상을 보여주는 것이다. 이러한 특징을 보고 추론하자면, 어쩌면, 이들 중 둘 또는 세 가지 면에서 우리 인류는 네안데르탈인을 비롯한 다른 호모 종과 차이가 났을 가능성이 크다.

호모 사피엔스 뇌의 진화에는 뇌를 구성하는 특정 부위에 변화가 일어났을 가능성도 포함한다. 던바가 이끄는 연구팀은 포유류에서 발달한 신피질에 주목하여 인간을 포함한 영장류를 대상으로 연구를 수행하였다. 이미 살펴본 대로, 이 팀은 인간의 뇌 진화에 사회성이 크게 작용한다고 판단하였는데 주로 신피질에 주목하여 관련 증거를 얻으려 노력했다. 신피질은 뇌의 외층으로 여러 타인을 상대로 한 심리 상태를 포함한 복잡한 사고를 담당한다. 이 연구팀은 여러 영장류 종을 대상으로 무리의 평균 크기와 뇌에서 신피질이 차지하는 비율을 측정하였다. 그 결과, 무리의 크기와 신피질의 비율은 비례하여 증가한다는 결과를 얻었다. 이는 인간의 사회성 정도가 신피질 크기와 관련이 있음을 의미한다.

뇌 진화의 유산

현생 인류로 진화하는 과정에서 약 300만 년 동안 뇌 용적이 거의 세 배나 증가한 사실이 특별한 만큼 과학자들은 이를 규명하기 위해 뇌 크기 진화에 관여하는 유전자를 찾기 위해 노력하였다. 세포분열 조절(ASPM 유전자와 MCPH1 유전자), 에너지 대사(SLC2A1와 SLC2A4 유전자), 신피질 주름 형성에 관련된 유전자들이 그 대상이다. 어떤 유전자든 뇌 크기를 유발한 문화적 요인과의 관계를 규명해야 하는 숙제를 남겨놓고 있다. 이 중 최근 연구가 밝혀낸 한 유전자는 상대적으로 더 의미가 있어 보인다.

독일 막스프랑크 연구소의 분자유전학자인 후트너 박사 연구팀은 인간 뇌의 기저 줄기세포의 재생산을 담당하여 신피질에 주름 생성을 유발하는 *ARHGAP11B(Rho GTPase Activating Protein11N)*라는 유전자를 발견하였다. 이 유전자에 의해 줄기세포가 더 늘어나면 신경세포가 더 많이 생기고 언어나 사고 같은 인지 기능을 담당하는 대뇌가 증가한다. 흥미롭게도, 이 유전자는 현생 인류, 네안데르탈인, 데니소바인 등에서만 발견되고 현존하는 가장 가까운 친족 침팬지로부터는 발견하지 못했다. 과학자들은 이후 연구에서 이 유전자를 마모셋 원숭이 태아에 주입하여 신피질이 증가하고 주름이 생기는 결과를 얻었다.

개별 유전자에 관한 연구가 분명 진전이 있지만, 뇌 크기 증가를 종합적으로 설명하기에는 아직 부족한 점이 많다. 최근의 보고에 따르면 뇌 진화와 관련하여 유전자를 연구하려면 수십 개의 유전자를 추적해야 한다. 현재, 유전자 각각에 관한 개별적 연구를 바탕으로 유전자들 사이의 상호작용 등을 포함한 더 포괄적이고 체계적인 연구가 진행되고 있는데 그 결과는 꽤 중요한 통찰을 제공할 것으로 기대한다.

지금까지 호모 사피엔스 진화에서 특히나 두드러지게 인상적인 뇌의 진화를 주로 인류의 문화 특히 사회성과의 연관을 중심으로 살펴보았다. 다수 구성원이 모여 복잡한 사회를 구성하고 서로 소통하고 협력한 것은 인류 문화 발전의 핵심 동력이다. 더불어 오늘날 인간의 뇌가 이토록 강력한 능력을 발휘한 힘도 사실 많은 부분 사회성이라는 문화에서 비롯된 것임을 알 수 있다. 여기서 나오는 교훈을 지금의 인류 사회와 연관지어 돌아보면 생각해 볼 점이 꽤 많을 터인데 그 중에서도 꼭 짚어봤으면 하는 것은 '내부 구성원' 문제이다. 사냥을 마치면 집단 내에서 사냥감을 나누던 조상들의 습성은 괜히 생겨난 것이 아니다. 수렵채집 사회에서 구성원끼리 가진 것을 공유하는 일은 사회성의 기초이자 생존이 걸린 문제였다. 현대 사회에 들어서서 인간은 모두가 평등하다는 법적 권리는 확보했지만, 보이지 않는 구분과 차별은 사라지지 않았고, 내부 구성원 모두가 생산 결과를 공유하던 전통은 희미해졌다.

사냥하고 채집한 수확물을 함께 나누고 모닥불에 둘러앉아 두런두런 이야기를 나누던 구석기 시대에 이처럼 많은 보이지 않는 차별이 존재했을까? 우리가 살아가는 자본주의 사회 체제를 흔히 '승자 독식 체제'라고 부른다. 현대의 발전된 생산력으로 인류는 많은 수확물을 쌓아놓고 있지만 난민과 이주 노동자, 비정규직, 실업자, 한부모 가정 등 소외계층을 따뜻하게 보듬지 못한다.

진화사가 알려주듯이 호모 사피엔스는 네안데르탈인보다 체격이 크거나 기술이 뛰어나서 인류 종의 계승자가 된 것이 아니다. 뇌 용적은 오히려 네안데르탈인이 더 컸다. 가장 강한 자가 살아남은 것이 아니라, 조금 약하더라도 서로를 이해하고, 협력하고, 따뜻하게 배려하고 교류하며 사회성을 키운 집단이 생존했다. 그들이 바로 우리의 직계 조상이었음을 잊지 말아야 하겠다.

문화는 유전자를 춤추게 한다

참고문헌

박한선 (2024) 진화인류학 강의, 해냄.

로빈 던바, 클라이브 갬블, 존 가울렛 (2014) 사회성, 두뇌 진화의 비밀을 푸는 열쇠, 이 달리 역, 처음북스.

리 앨런 듀가킨, 류드밀라 트루트 (2017) 은여우 길들이기, 서민아 역, 필로소픽.

브라이언 헤어, 버네사 우즈 (2020) 다정한 것이 살아남는다, 이민아 역, 디플롯.

에드윈 게일 (2020) 창조적 유전자, 노승영 역, 문학동네.

제임스 퍼거슨 (2021) 지금 여기 함께 있다는 것, 이동구 역, 여문책.

조지프 헨릭 (2016) 호모 사피엔스, 그 성공의 비밀, 주명진·이병권 역, 뿌리와이파리.

존 S 앨런 (2015) 집은 어떻게 우리를 인간으로 만들었나, 이계순 역, 반비.

케빈 랠런드 (2017) 다윈의 미완성 교향곡-문화는 어떻게 인간의 마음을 만드는가, 김 준홍 역, 동아시아.

토리 이 풀러 (2017) 뇌의 진화, 신의 출현, 유나영 역, 갈마바람.

Ardesch DJ, Scholtens LH, Li L, van den Heuve (2019) Evolutionary expansion of connectivity between multimodal association areas in the human brain compared with chimpanzees. *Proceedings of the National Academy of Sciences USA* 116 (14) 7101–7106.

Balter M (2009a) On the origin of art and symbolism. *Science* 323: 709–711.

Bar-Yosef M, Daniella E, Vandermeersch B, Bar-Yosef O (2009) Shells and Ochre in Middle Paleolithic Qafzeh Cave, Israel: Indications for Modern Behavior. *Journal of Human Evolution* 56 (3): 307–14.

d'Errico F, Vanhaeren M, Barton N, Bouzouggar A, ..., Lozouet P (2009) Additional Evidence on the Use of Personal Ornaments in the Middle Paleolithic of North Africa. *Proceedings of the National Academy of Sciences USA* 106 (38): 16051–16056.

Florio M, Albert M, Taverna E, Namba T, Brandl H, ..., Huttner WB (2015) Human-specific gene ARHGAP11B promotes basal progenitor amplification and neocortex expansion. *Science* 347(6229):1465–70.

Henshilwood CS, d'Errico F, van Niekerk KL, Coquinot Y, ..., García-Moreno R (2011) A 100,000-Year-Old Ochre-Processing Workshop at Blombos Cave, South Africa. *Science* 334 (6053): 219–222.

Iliopoulos A (2016) The Evolution of Material Signification: Tracing the Origins of Symbolic Body Ornamentation through a Pragmatic and Enactive Theory of Cognitive Semiotics. *Signs and Society* 4(2) https://doi.org/10.1086/688619.

Pearce E, Moutsiou T (2015) Using obsidian transfer distances to explore social network maintenance in late Pleistocene hunter-gatherers. *Journal of Anthropology and Archaeology* 36: 12–20.

Qi J, Mo F, An NA, Mi T, Wang J, ... Hu B (2023) A Human-Specific *De Novo* Gene Promotes Cortical Expansion and Folding. *Advanced Science* (Weinh) 10(7): e2204140.

Street SE, Navarrete AF, Reader SM, Laland KN (2017) Coevolution of cultural intelligence, extended life history, sociality, and brain size in primates. *Proceedings National Academy of Sciences USA* 114 (30) 7908–7914.

Villmoare B, Kimbel WH, Seyoum C, Campisano CJ, ..., Reed KE (2015) Early Homo at 2.8 Ma from Ledi-Geraru, Afar, Ethiopia. *Science* 347(6228): 1352–1355.

농업혁명과
문화의 폭발

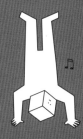

문화의 폭발과 확장된 유전자 풀

　농업혁명이 인류에게 미친 영향은 실로 어마어마하다. 이전까지 자연을 이리저리 떠돌던 인류는 농경을 시작하면서 비로소 제대로 된 정착 생활을 시작했다. 농경으로 식량이 풍부해지자 인구는 폭발적으로 증가했다. 이는 복잡한 구조와 제도를 갖춘 발전된 형태의 사회를 형성하는 기초로 작용했으며 인류는 문명civilization 단계로 접어들 수 있었다. 학자들에 따라 견해가 조금씩 다르긴 하지만 대체로 인류 역사에서 문명의 출현은 지금으로부터 약 1만 년 전 농업을 시작하면서부터라고 보는 견해가 우세하다. 문화culture는 약간의 인지 능력을 갖춘 초기 인류에서부터 존재했다고 볼 수 있다. 인류의 옛 조상인 오스트랄로피테쿠스 계열의 유인원이 석기 도구를 사용한 것을 문화의 시원으로 본다면 약 320만 년의 역사가 있는 셈이다. 하지만, 문명은 일정 수준 이상으로 조직화된 사회를 전제로 하며, 최대 700만 년의 인류 역사에서 가장 마지막 1만 년 사이에 출현한 것이다. 생산력과 인구의 폭발만이 아니라 문화의 폭발로 인류를 문명 단계로 진입시킨 전대미문의 사건이 곧 농업혁명이다.

유전자와 문화의 공진화를 연구하는 학자들은 이 농업혁명이 인간의 유전자에 어떤 변화를 주었는가 하는 문제가 큰 관심사이다. 비옥한 초승달 지역에서 농업이 최초로 출현한 후부터 지금까지는 약 1만 년의 짧은 기간이다. 게다가 이 짧은 기간 동안 일어난 유전자 변화는 자연 환경 못지않게 문화, 문명의 영향을 많이 받았을 것이 자명하다.

농업은 어떻게 출현했을까? 학자들은 가장 큰 요인으로 기후변화와 그에 따른 인구의 증가를 꼽는다. 인류는 약 1만 년 전부터 성공적으로 농사를 짓기 시작하여 식량이 늘어났다. 이후 소빙하기를 수백 년 동안 겪으면서 인류는 더욱 농사 의존도를 높였다. 초기 농작물을 재배한 증거는 기원전 9,500년 무렵부터 '비옥한 초승달 지역'에서 발견되었다. 이 지역은 현재의 이라크, 시리아, 터키 남동부, 이란 서부, 레바논, 요르단, 이스라엘, 팔레스타인 지역에 해당한다. 이 지역에서 주로 재배된 작물은 밀, 보리, 완두 등이다.

일부 지역에서 시작한 농업이 발전하면서 인구는 더 증가하였고 이들이 이동하면서 농업은 전방위적으로 점차 펴져 나갔다. 기원전 7,000년 무렵에는 이집트와 인도의 서쪽 지역으로, 이후 서서히 유럽과 인도로 확장되었다. 다른 한쪽, 즉 중국에서는 벼, 수수, 기장

문화는 유전자를 춤추게 한다

등을 재배했다. 작물과 함께 가축도 길들이기 시작하여 목축도 퍼지게 되었다. 염소는 기원전 1만 년 전 이란에서, 소는 기원전 6,000년 무렵 인도에서 각각 가축화가 이루어졌다.

인류에게 농업이 지니는 의미는 매우 커서 농업 출현 이전과 이후의 인간 생활은 완전히 달라졌다. 우선적으로 가장 큰 변화는 인구의 폭발이었다. 먹거리가 풍족하지 않은 수렵채집 사회에서는 이유식이 없어서 아이가 태어나면 3~4년 동안 주로 젖을 먹여 키우는데 이런 조건에서는 성호르몬 분비가 변화하여 여성의 배란이 억제되며 결과적으로 월경을 하지 않게 된다. 또한 항상 이동해야 하는 수렵채집민들은 어린아이들이 혼자 걸을 수 있는 시점, 즉 스스로 생존을 위해 움직일 수 있을 때까지 엄마가 업고 생활해야 해서 출산이 어려웠다. 그 결과, 새로 형제가 생기기까지 터울은 약 4~5년이 걸렸다.

농사를 짓기 시작하면서 사람들은 수렵채집 사회와 비교해 더 많은 식량을 수확해 이유식을 이른 나이에 제공할 수 있었고, 일정한 지역에 눌러살게 되어 아이가 스스로 걸을 때까지 돌봐야 할 필요도 줄어들었다. 그 결과, 자식들 사이의 터울은 2년 정도로 줄어 출산율이 증가하였다. 늘어난 인구는 농업에 의한 영양 불균형이나 질병 등으로 세상을 떠난 사람들의 수를 상쇄하고도 남았다. 제레드 다이아몬드는 『총균쇠』에서 폭발적 인구 증가로 인한 변화상을 "더 많은 잠재적 발명가, 더 많은 경쟁하는 사회들, 더 많은 혁신과 이를 강제하는 큰 압력"이 있는 것이라고 설명하였다.

인류는 돈, 문자, 제도 등 각종 사회적 장치를 발명하여 문화와 문명을 발전시켰다. 경제와 무역이 발달함은 물론 과학혁명과 산업 혁명도 이루게 되었다. 그 결과, 현대 인류는 이전에는 상상할 수 없었던 과학기술과 의학의 성과를 포함하여 엄청난 문명의 혜택을 누리고 있다. 여러 집단 사이의 경쟁과 갈등, 계급과 국가가 출현한 점도 의미는 매우 크다. 뿐만 아니라, 사냥과 채집 등 식량 확보에 쓰던 시간과 에너지에 여유가 생겨 예술 활동에 참여하거나 감상하고 즐기는 것도 가능해졌다.

하지만 농업이 인간에게 '젖과 꿀이 흐르는 땅'만 선사한 것은 아니다. 농업은 인류에게 시련도 안겼다. 농업으로 얻은 곡물 위주의 식단에 의존하면서 인류는 영양 불균형에 시달렸다. 수렵과 채집으로 식량을 얻던 때에 비해 탄수화물인 녹말은 풍부해졌지만, 단백질 섭취는 줄어들었다. 화석 기록을 보면, 농사를 지었던 조상의 키는 수렵채집민에 비해 적어도 10cm 이상 작았다. 또 농업이 시작된 신석기 시대 유골들에서는 영양 결핍에 따라 뼈의 성장이 늦춰지거나 멈춰진 흔적이 발견되기도 한다. 더불어 면역력이 부족한 상태에서 다양한 전염병에 노출되었다.

농업이 던져준 선물과 시련 속에 인류는 유전적 변화에 의한 생물학적인 변화를 겪게 되었다. 특정 개체군 또는 종의 유전적 조성, 즉 변이를 포함한 모든 유전자의 집합을 '유전자 풀pool'이라고 한다. 유전자 풀이 풍부해지면 그만큼 변이의 가능성이 높아지고 여러 돌연변이 중 자연선택을 거친 유전자가 살아남아 지속적으로 후손을 남기게 된다. 농업이 가져온 유전자 풀의 변화는 크게 두 가지로 나누어 볼 수 있다. 하나는 인구 증가에 따른 변이의 증가와 이들 중 특정 변이의 선택이다. 즉, 농업이 제공한 환경에 적응한 변이는 선택되어 비중이 늘어났다.

또 하나는 인류의 이동에 의한 유전자 풀의 변화이다. 스탠퍼드 대학교 인간 유전학자 카발리 스포르차 교수는 유럽인의 유전자 분포 연구를 통해 농사가 처음 시작된 중동의 비옥한 초승달 지역에서 거주했던 사람들이 점차 유럽으로 이동하면서 종족 구성이 다양해졌고 따라서 유럽 거주 인간들의 유전자 풀이 변화했다는 의견을 제시했다.

결과적으로, 농업은 인구 증가를 유발했고 적절한 유전자를 선택할 수 있는 환경을 제공하였다. 농업에 의한 선택과 변이 유전자의 이동은 인간 유전자 풀의 변화를 일으켰다. 인간이 자연에 대응하는 과정에서 농업이라는 문화를 출현시키고 이 문화가 다시 인간 유전자에 큰 변화를 초래하는 상호작용이 이루어진 것이다.

논밭을 갈면서 바뀐 유전자들

과학자들은 농업의 출현 이후 비교적 짧은 시산 내에도 유전자 변화가 일어날 가능성이 크다고 보았다. 이 변화를 추적하기 위하여 과학자들은 조상들의 유전체를 얻어 현재 인류와 비교, 분석하였다. 이런 연구 결과에 따르면, 농업 이후 변화한 여러 유전자 중 큰 비중은 음식 섭취와 소화에 관련되어 있음이 밝혀졌다.

펜실베이니아 의과대의 유전학자 이언 매티슨이 이끄는 연구팀은 유럽과 서아시아에서 발견한 8,500년 전에서 2,300년 전까지 살았던 사람들의 DNA 정보를 모아 시기별로 나누어 분석하였다. 이 연구팀은 유전자 빈도 수에 차이를 나타내는 12개의 유전자를 발견하였는데 이 중 적어도 4개는 농업 출현에 따른 새로운 음식에 적응한 결과로 변화한 것임을 발견하였다. 이들은 유당 내성, 비타민 D의 체내 양 변화, 지방산 대사 등 당시 음식 종류와 관련된 것으로 추론하였다. 더불어 아미노산 유도체 부족에 대응하여 궤양성 대장염, 세리악 소장 질환, 과민성 장 질환에 관련된 유전자도 차이를 나타내는 것으로 보고되었다. 이외에도 피부색에 관련된 유전자, 질병에 대응하는 면역 관련 유전자, 치아 관련 유전자 등이 포함된다. 이 여러 유전자 중 비타민 D 합성, 지방산 대사, 치아 유전자, 면역 유전자, 유당 내성 등에 관한 연구가 상대적으로 많이 진행되었다.[24]

피부색과 비타민 D 대사 관련 유전자

밝은 피부와 푸른 눈의 출현은 비타민 D 합성과 관련이 있지만 피부의 경우, 우선 엽산과 관련하여 살펴봐야 한다. 인간은 진화 과

---

24. 유당 내성과 여기에서 언급하지 않은 겸형적혈구증은 7장과 8장에서 살펴보았다.

문화는 유전자를 춤추게 한다

정에서 털이 감소했는데 주로 적도 근처에 서식하였던 조상들은 내리쬐는 강한 자외선 때문에 태아의 신경과 혈관 발생에 필수적인 엽산(또는 비타민 B9)이 파괴되는 위험에 직면했다. 이런 환경에서 멜라닌 색소가 증가한 변이 유전자를 지닌 사람들은 자외선을 흡수하여 엽산의 파괴를 막을 수 있었다. 점차 이들의 수가 늘어난 결과, 적도 부근 사람들은 짙은 색의 피부를 갖게 되었다.

비타민 D 섭취나 합성도 생존이 걸린 문제다. 비타민은 생명체가 합성하는 화합물로 정상적인 발생, 성장과 건강을 유지하는 데에 소량이지만 꼭 필요하다. 칼슘과 인의 흡수를 돕는 비타민 D가 부족하면, 뼈에 기형이 생기고 전염병에 대한 저항성이 감소하며 심혈관 질환이나 암에 걸릴 확률이 증가한다. 독특하게도 비타민 D는 자외선에 노출되면 피부에서 합성할 수 있다. 아프리카 대륙의 인류는 멜라닌 색소의 증가로 자외선을 차단했지만 사냥으로 충분히 확보한 신선한 육류를 섭취하여 비타민 D 결핍 증상을 겪지 않았다.

문제는 이들이 아프리카 밖으로 이동하면서 그리고 농업을 시작하면서 발생하였다. 높은 위도에서는 자외선의 조사량이 감소하므로 엽산의 파괴가 일어나지 않는다. 대신 자외선을 차단하는 짙은 피부 때문에 비타민 D 합성에 불리하다. 이에 더해 농업을 시작하면서 곡물 위주의 식단을 접한 인류는 비타민 D 결핍에 처하게 되었다. 하나의 주요한 대책은 밝은 피부 변이이다.

밝은 피부 변이는 농업이 시작되기 훨씬 전인 2만 8,000여 년 전부터 이미 존재하였다. 수렵채집 생활을 했지만, 섭취한 동물 영양

분만으로는 부족해 비타민 D 합성을 위한 밝은 피부가 필요했거나 성선택 결과의 일부로 약간 높은 위도인 서남아시아 등에 살던 조상이 진작부터 밝은 피부를 지닌 것으로 보인다. 이들이 농업을 시작하면서 밝은 피부를 지닌 인구가 증가하였고 늘어난 사람들은 유럽을 포함한 다른 지역으로 이동하기 시작하였다.

한편, 농업 시작 이전부터 북유럽에 정착한 사람들은 해산물에서 충분한 양의 비타민 D를 섭취했다. 따라서 이들은 오늘날 극지방에 서식하면서 육류를 섭취하는 이누이트처럼 굳이 밝은 피부가 필요하지 않았다. 짙은 피부의 이 유럽 거주민들은 서남아시아에서 유래한 밝은 피부를 지닌 농업기술자들과 마주하는 생경한 경험을 했을 것이다. 이후 유럽에는 짙은 피부의 원주민과 밝은 피부의 이주민이 섞여 살았고 안정적 식량원인 농사가 점차 퍼져 갔다. 농경이 확대되면서 곡물이 식량 자원의 중심을 차지하자 짙은 피부와 밝은 피부 유전자가 섞이는 과정에서 비타민 D 합성에 유리한 밝은 피부의 사람들이 증가할 수밖에 없었다. 농업 문화는 이미 존재했던 밝은 피부 유전자를 확산시킨 촉진자였던 것이다.

유럽인의 경우, 밝은 피부뿐만 아니라 눈과 머리카락 색도 변화했을 가능성이 크다. 예컨대, 멜라닌 색소 합성 경로에 작용하는 특정 유전자는 동아시아인의 밝은 피부에 관련된 유전자로 서양인 눈이 푸른색을 띠게 하는 데에도 크게 관여한다. 이 유전자의 변이는 4만 2,000여 년 전에 출현한 것으로 보여 이 역시 변이된 유전자를 지닌 사람들이 유럽으로 이동하면서 퍼져 나간 것으로 보인다.

곡물 위주의 식사와 지방산 대사 유전자

탄소와 수소로 이루어진 화학 분자인 지방산은 세포막과 지방의 구성 성분이다. 여기에서 주목할 대상은 불포화지방산이다.[25] 이 지방산 중에는 탄소의 수가 많아 긴 분자가 있고 탄소 수가 적어 짧은 분자가 있다. FADS1과 FADS2 등 지방산불포화효소는 짧은 불포화지방산으로부터 긴 불포화지방산을 만드는 일에 관여한다. 긴 불포화지방산은 세포 특히 신경세포의 막을 만들고 발달시키는 데에 아주 중요한 역할을 한다. 음식 재료를 보면, 육류나 생선에는 긴 불포화지방산이 많고 곡물 등 식물에는 짧은 불포화지방산이 많다.

농업을 시작한 인류는 주생산물인 곡물 위주의 식사에 적응해야 했다. 특히 유럽인을 대상으로 한 연구는 약 8,500년 전 남동 유럽에서 사람들이 농업 생활로 짧은 불포화지방산을 흡수하기 시작했던 시기에 이 두 지방산불포화효소 유전자를 선택하였을 것으로 판단한다. 그 이유는 식물에는 짧은 불포화지방산이 많으므로 우리 몸은 긴 불포화지방산을 만들기 위해 이 효소들의 유전자가 필요했을 것이고 그래야 뇌를 구성하는 신경세포를 만드는 데에 도움이 되기 때문이다. 이런 선택은 농업의 발명 이후 집단이 형성되면서 사람

---

25. 지방산은 글리세롤과 함께 지방을 구성하고 글리세롤, 인산 등과 함께 인지질을 구성한다. 지방산은 탄소 원자가 다른 탄소 원자와 골격을 이루는 결합 이외 모든 결합 손을 수소 원자와의 결합에 사용한 포화지방산과 그렇지 않은 불포화지방산으로 나눌 수 있다.

들 사이의 상호작용에 필요한 뇌 중추 발달에 긍정적인 영향을 끼치게 되었을 가능성이 크다. 또 다른 연구는 이 유전자들이 농업이 유럽에 퍼질 즈음에 강하게 선택되지는 않았지만, 이후 인구가 늘어나면서 유럽에 퍼져 사람들의 뇌 기능에 관여했을 가능성을 제시하였다. 어쨌든, 이렇게 농업에 대응하여 일어난 유전자 변화, 정확히는 변이 유전자가 선택되는 과정을 거침으로써 인류는 농업 문화 조건에서도 지속적으로 두뇌의 발달을 이어갈 수 있었다.

억세고 튼튼한 치아는 사라지고

농업은 사람의 치아에도 변화를 주었다. 수렵채집 시기에 비해 부드럽고 전분이 많은 음식을 먹게 된 인류는 이전과 같은 억세고 튼튼한 치아가 굳이 필요하지 않았다. 이와 관련해서는 치아의 법랑질 형성에 관여하는 유전자에 대한 연구가 이루어졌다. 이 연구는 먹거리에 따라 치아의 법랑질 두께와 이빨의 모양이 바뀔 수 있다는 가설에서 출발했는데 10개 집단 100명의 인간을 대상으로 조사한 결과, 유럽과 아시아인에게서 이 유전자의 변이가 선택되었다는 증거를 얻었다.

농업이 최초로 출현한 이후 유럽과 아시아로 이주한 사람들이 많았을 가능성이 크므로 이 결과는 농업과 관련하여 이 변이가 출현했을 가능성을 시사한다. 상대적으로 사냥과 채집의 비율이 큰 아프리카의 많은 집단이 더 두꺼운 이빨을 지니고, 농산물을 주로 섭취했을 유럽과 아시아인은 비교적 얇은 이빨로도 음식물 소화가 충분했을 것이라 추론할 수 있다. 또한, 이 연구에는 인류만이 아니라 12종의 영장류에 대해서도 이빨에 관여하는 유전자를 함께 조사했다. 예상대로 인류 외의 다른 영장류들은 이 변이를 가지지 않는 것으로 나타났다. 이 결과 또한 농업에 의한 치아 유전자 변화의 가능성을 지지한다고 볼 수 있다. 치아 법랑질 형성 유전자에 관한 연구는 농업과 인류 유전자의 상호 관계는 물론이고 음식 문화와의 관련성을 더 밝혀 내는 데에도 기여할 것이라 기대한다.

면역력 증가와 신대륙 정복

구세계old world와 신세계new world라는 용어는 유럽인의 탐험과 식민지 개척을 기준으로 나눈 세계 구분이다. 지정학적으로 구세계는 유럽, 아프리카, 아시아 대륙을 뜻하는데 이들 지역은 농업이 먼저 시작되고 도시와 문명이 비교적 일찍 발전한 곳이기도 하다. 그런데 이들 지역에 거주한 사람들은 농업을 먼저 시작한 까닭에 이후 각종 질병을 공유하면서 면역력을 키워왔다. 농업 문화가 인류의 방어 유전자를 변화시킨 것이다. 이 변화는 훗날 유럽이 신대륙 개척에 나서면서 유럽인들이 신세계라고 본 남북 및 중앙아메리카 지역에 거주하는 원주민들에게 큰 손상을 안겨 문화권의 지형을 크게 뒤흔드는 결과를 낳는다.

우리 몸의 방어에는 단백질이 필요하다. 외부에서 침입하는 병원체에 대항하여 싸우는 면역 작용에 중요한 역할을 하는 항체나 보체 등이 모두 단백질이기 때문이다. 그런데 농작물은 단백질을 충분히 공급하지 못한다. 이 상태에서 병원체에 노출되면, 수렵채집 시절과 달리, 많은 사람이 쉽게 전염병에 걸렸다. 또 사람들이 모여 살면서, 침이나 대소변 등 오물 접촉을 통한 전염이 일어날 기회도 많아졌다. 천연두, 흑사병, 홍역 등이 그 예이다.

농업이 시작된 후 여러 동물의 가축화도 일어났다. 인류는 개, 소, 돼지, 닭 등을 기르기 시작하였다. 분명, 이는 인류에게 도움이 되었다. 사람들은 가축을 농사에 이용하거나 단백질을 얻기도 하였다. 그러나 한편으로 인류는 이 동물들이 지닌 병원체에 노출되어 새로운 전염병에 시달리게 되었다. 돼지와 조류, 사람을 전전하며 전염력을 높이고 변이를 양산하는 인플루엔자처럼 현대에도 골칫거리인 인수 공통 전염병이 대거 출현하였다. 의사이자 과학저술가인 아노 카렌은 이러한 예로 광견병, 두창, 볼거리, 발진티푸스, 식중독을 유발하는 살모넬라, 결핵, 그리고 여러 기생충 등을 제시하면서 그 수가 거의 300종에 이른다고 추정하였다.

유라시아와 아프리카에서 농업과 목축 문화가 형성되면서 사람들은 이 여러 전염병과 싸움을 시작하였다. 진화 과정이 언제나 그렇듯이, 전염병을 유발하는 병원체를 이겨낼 유전자를 지닌 사람들은 살아남고 그렇지 않으면 사라지는 일을 되풀이하게 되었다. 살아남은 사람들은 면역력을 지녔고 현생 인류는 그들의 후손이라고 볼 수 있다. 만약 이 후손들이 병원체를 실은 채 아메리카 신대륙에 간다면 어떤 일이 벌어질까?

유럽의 모험가 에르난데스 코르시카와 프란시스코 피사로가 각각 아즈텍과 잉카에서 이 끔찍한 가정을 현실로 옮겼다. 의도적이든 아니든, 전염병은 정복자들의 총과 칼보다 더 파괴적인 결과를 낳았다. 예를 들어, 천연두 바이러스는 수백만 명의 아즈텍인의 목숨을 앗아갔고 이 덕택에 정복 작업은 한층 수월했다. 메이플라워호를 타고 북미 대륙에 도착한 유럽인들도 원주민들에게 전염병을 떠안겼다. 이렇게 신대륙에 상륙한 천연두, 홍역, 디프테리아, 백일해, 나병, 선페스트 등은 한 번도 이러한 전염병을 접하지 않아 면역력이 없는 아메리카 대륙의 원주민들에게 치명적인 타격을 입혔다.

인류는 1만 5,000년 전부터 아메리카 대륙으로 이주한 것으로 추정된다. 이주자들은 동북아시아부터 시베리아와 베링해를 지나 아메리카 대륙의 북쪽에 도착하여 계속 남쪽으로 이동하였다. 이들은 동북아시아에서 알래스카에 이르기까지 춥디추운 경로를 통과했다. 추운 경로를 이동하는 동안 열대와 온대 지역에서 발원한 병원체 상당 부분이 소멸되었을 것으로 추정된다. 신세계 이주자들은 또한 농사를 짓기는 했지만, 구세계와 비교하여 인구가 상당히 적어 전염병에 대응할 유전자 변이 출현이 적었다. 게다가 아메리카 대륙에는 목축을 할 만한 동물 종이 거의 없어 인수 공통 전염병이 매우 드물었다. 당연히 다양한 종류의 전염병에 면역력이 진화할 기회가 없었다.

많은 면역 유전자 중 이 현상과 관련해 살펴볼 수 있는 후보는 앞서 매티슨 등이 보고한 MHC 유전자이다. MHC는 주조직 적합성 복합체Major Histocompatibility Complex의 줄인 말로 몸을 구성하는 세포들의 ID 카드라 할 수 있다. 그 이유는 MHC를 만드는 유전자 종류가 많아 사람마다 고유한 형태의 MHC를 지니기 때문이다. 면역 세포들은 다른 세포들과 만나 MHC를 만져보고 자기인지 아닌지 구분한다. 외부에서 침투한 세포나 병원체에 감염된 세포 등은 MHC가 다르기 때문에 면역세포는 이를 침입자로 간주하고 발견 즉시 공격한다. 피부를 비롯한 많은 장기를 이식하기 어려운 이유가 바로 이 MHC 때문이다.

MHC는 우리 몸에 침입한 병원체를 여러 면역세포에 알림으로써 병원체와의 싸움에서 아주 중요한 역할을 한다. 병원체가 우리 몸을 감염시켜 세포 내로 침입하면, 세포는 병원체를 분해하여 그 조각을 MHC에 담아 세포 외부에 전시한다. 면역계는 이 조각을 인식하고 맞서 싸울 면역세포를 골라 증식시킨다.[26] 이 세포 중 일부는 항체를 만들고 나머지는 감염된 세포를 죽이는 등 병원체와 싸운다. 이렇게 면역 작용의 시작점에 해당하는 MHC 유전자의 다양성이 아메리카 대륙 원주민의 경우 구세계 사람들과 비교해 매우 부족하다고 알

---

26. 보조 T세포가 다가와 이 MHC 조각을 인식하고 맞서 싸울 B세포와 세포독성 T세포를 수많은 종류 중에서 골라 증식시킨다. B세포는 맞춤형 항체를 만들어 병원균과 싸우고 T세포는 감염된 세포를 죽인다.

문화는 유전자를 춤추게 한다

려져 있다. 대응할 수 있는 병원체의 종류 면에서 신세계 사람들이 매우 불리했다.

매티슨이 보여준 결과에서 면역과 관계 있는 또 하나는 톨유사 수용체 즉, Toll-Like Receptor의 줄임 말인 TLR을 만드는 유전자이다. 다른 척추동물과 마찬가지로 사람도 여러 종류의 TLR을 지니는데 농업이 시작된 후 늘어난 TLR1은 미코플라즈마 세균에 의해 발병하는 한센병과 폐결핵 방어에 관련된 것으로 밝혀졌다. 한센병과 폐결핵은 모두 인수 공통 전염병으로 잘 알려져 있다. 폐결핵의 경우, 소에서 유래한 전염병이고 한센병은 미국 남부와 중남미의 경우, 아르마딜로에서 병원체가 발견된다.

유라시아-아프리카 대륙에 거주하면서 농업을 시작한 사람들은 인수 공통 전염병을 포함한 많은 전염병을 공유하였고 이에 단련되었다고 할 수 있다. 그 결과, 구세계의 모험가 또는 식민주의자들은 목축업을 통해 선택된 유전자들을 가지고 있어 신세계 사람들과의 충돌에서 엄청난 이익을 볼 수 있었다. MHC와 TLR 등 면역세포와 관련된 유전자는 목축업을 포함한 농업이 전 지구적으로 퍼져 나가는 데 주요한 역할을 맡은 셈이다. 농업과 목축 문화가 유전자를 변화시키고 이 유전자가 신대륙 정복의 강력한 무기가 된 것이다.

녹말에 익숙해지기

생물체의 주요 에너지원인 탄수화물은 구조에 따라 단당류인 포도당, 이당류인 설탕, 다당류인 녹말 등으로 존재한다. 이 가운데 녹말은 단순당인 포도당 분자가 다수 결합하여 만들어진 중합체로, 쌀이나 감자, 옥수수 등에 많은데, 섭취 후 포도당으로 분해되어야 우리 몸이 에너지를 이용할 수 있다. 이 과정을 담당하는 효소가 알파 아밀라아제(이하 아밀라아제)이다. 예를 들어, 소스에 녹말이 포함된 짜장면을 먹고 나면 어떤 사람은 그릇에 액체가 흥건해진다. 이는 그 사람의 침에 아밀라아제가 특히 많음을 뜻한다. 과학자들은 곡물을 본격적으로 공급하는 농업이 시작되면서 이 효소를 합성하는 유전자가 변화했을 가능성에 주목하였다. 여러 의미 있는 연구 결과에 따르면, 인류는 아밀라아제 효소의 유전자가 늘어나는 방향으로 진화했다. 농업과 아밀라아제 유전자 사이에도 공진화가 일어난 것이다.

사람이 지닌 아밀라아제는 침샘에서 분비되는 효소와 이자에서 만들어져 소장에서 작용하는 효소 등 두 종류이며 이 중 침샘에서 분비되는 효소의 유전자가 주로 연구되었다. 펜실베이니아대학교의 인류유전학자 조지 페리는 농업을 통해 녹말을 많이 섭취했을 집단(일본인, 미국인, 뿌리와 덩이줄기를 섭취하는 하드자족)과 현재에도 수렵과 채집으로 살아가는 집단들(아프리카의 세 부족과 시베리아의 한 집단)로부터 유전자를 수집하여 비교, 분석하였다. 우선, 이 연구진은 아밀라아제 유전자 수가 많을수록 녹말 분해 효과가 증가하는지를 검토하여 긍정적

문화는 유전자를 춤추게 한다

인 결과를 얻었다. 이들은 또 녹말을 많이 섭취했을 집단에서 수렵과 채집으로 살아가는 집단보다 더 많은 수의 침샘 아밀라아제 유전자가 있음을 보고하였다. 더불어, 다른 고고학 연구팀은 지금과는 환경이 달라 최초로 곡식을 키웠을 것으로 보이는 사하라 사막에서 발굴한 1만 2,000년 전 유품을 연구하였는데, 요리에 사용된 것으로 보이는 난로에서 녹말의 흔적을 발견하였다. 이들을 근거로, "농업이 시작되면서 녹말 공급이 풍부해진 결과, 인류의 아밀라아제 유전자가 증가하는 변화가 일어났을 것이다"라는 가설이 성립했다. 실제로 침팬지와 비교하여 침샘 아밀라아제 유전자 복제본 수가 사람이 6~8배 정도라고 밝힌 파스퇴르 연구소의 연구 결과는 이 가설을 지지한다.

하지만 이 가설을 뒤집는 다른 연구 결과들이 속속 발표되었다. 아밀라아제 유전자 변화가 농업 이전에 일어났을 가능성을 입증하는 연구들이다. 그 첫 번째 근거는 침샘에서 합성된 아밀라아제의 작용이 불로 익혀 요리한 음식에서 더 효과적이라는 점이다. 이는 농업이 출현하기 훨씬 전인 약 100만 년 전 인간이 불을 사용하기 시작한 후 요리가 가능해지면서 아밀라아제가 늘어났을 가능성을 암시한다. 두 번째는 유럽인들 중 약 8,000년 전의 수렵채집인 집단의 유전자에서도 많은 수의 침샘 아밀라아제 유전자가 발견되었다는 점이다. 세 번째는 케임브리지대학교에서 인간 진화유전학을 연구하는 투마스 키비실드가 주도하여 연구한 결과 내용이다. 이 연구에서 현생 인류의 친척 인류인 데니소바인과 네안데르탈인은 이 유전자 수가 2개인데 반해 현생 인류는 많으면 20개까지 있는 것으로 보고하였다. 연구진은 이 결과로 현생 인류의 침샘 아밀라아제 유전자 수 증가는 친척 인류들과 갈라진 후, 즉 농업이 시작되는 충적세 신석기보다 훨씬 전인 홍적세 중석기 시대에 일어났을 가능성도 있다고 추론하였다.

이렇게 되면 농업과 아밀라아제 증가의 관계에 관한 새로운 해석이 필요하다. 농업과 증가한 침샘 아밀라아제 유전자 수의 관계까지 포함해서 가능한 새로운 가설은 "농민 집단에 많은 아밀라아제 유전자는 이미 이 유전자를 많이 지닌 집단이 이주하여 농사를 짓기 시작한 결과이고 농사를 지으면서 이 유전자의 수는 더 늘어나게 되었다"는 것이다. 이는 유럽에서 밝은색 피부가 확산된 과정과 유사하다.

어떤 이론이 과학이 되기 위한 조건은 실험과 검증을 통한 반박 가능성에 있다. 즉 '절대로 틀리지 않아야 한다'가 아니라는 것이다. 아밀라아제를 생성하는 유전자와 농업 문화의 관련성에 관한 여러 연구 과정을 보면, 인간 진화의 세부적인 사항에 대해 유전자·문화 공진화론이 입증해내야 하는 과제가 얼마나 많고 험난한 일인지 알 수 있다. 그러나 그럴듯한 가설이기 때문이 아니라 연구, 실험, 검증을 통해 새로운 가설 설정과 재해석이 얼마든지 가능하여 보다 풍부하고 정확한 결론을 향해 나아갈 수 있다는 점에서 유전자·문화 공진화론은 인간 진화를 설명하는 과학으로서 자기 위상을 점점 더 크게 확립해 나갈 것으로 보인다.

문화는 유전자를 춤추게 한다

강아지도 녹말을 좋아한다

인간은 여러 종류의 음식을 섭취한다. 이런 잡식성은 우유나 곡물이 새로운 음식으로 등장했을 때 인간이 아주 효과적으로 소화할 수 있게 적응한 점을 보면 수긍이 간다. 인간이 먹는 음식의 종류가 다양하게 늘어남에도 사람들이 녹말을 좋아하는 습성은 거의 변화가 없는 듯하다.

연구에 따르면 아밀라아제 유전자를 많이 지닌 집단 구성원들은 녹말을 더 많이 소비하는 경향이 있다. 인류는 아주 먼 옛날부터 흙 속에서 캐낸 뿌리채소를 먹으면서 녹말과 친해졌다. 녹말을 불에 익혀 먹으면 소화와 흡수가 한결 용이하고 맛도 좋아진다. 불을 사용한 조리 문화는 녹말 선호도를 한층 높였을 것이다. 아울러 농경 생활을 시작하면서는 곡식과 채소를 수확하고 저장하는 능력이 발달하여 사시사철 녹말 섭취는 훨씬 더 증가할 수밖에 없었다. 이렇게 오랜 세월 인간의 주요 에너지 공급원으로 애용한 것이 녹말이기에, 현대에도 어떤 식탁이든 인류는 녹말이 많이 함유된 식단을 사랑하는 음식 문화 경향을 띤다. 아무리 단백질이나 지방을 충분히 섭취해도 우리는 대개 밥 한 그릇을 같이 비워야 포만감과 행복감을 느낀다. 흔히 '탄수화물 중독'이라고 하는 인류의 녹말 애호는 그 연원이 참으로 길다.

그런데 녹말 분해 능력은 사람만이 아니라 주변의 가축 사육에도 영향을 미쳤다. 예컨대 인간의 가장 친한 친구인 개도 녹말 분해 능력이 증대되었다. 개는 약 2만 년 전부터 점차 늑대에서 분화되어 가축화되었다. 개와 늑대는 별개의 종이 아니라 교배가 가능한 아종이다. 조상인 늑대로부터 개로 진화하는 과정에서 개는 늑대에 비해 이자에서 녹말 분해 효소가 더 많이 만들어지고 이 효소들은 더 큰 활성을 나타내는 것으로 알려졌다. 흥미롭게도 먼 과거에 육식동물에서 진화한 탓인지 개는 사람과 달리 침샘에서 아밀라아제를 분비하지는 않는다. 요즘 반려견을 기르는 가정에서 많이 사용하는 개 사료의 식품 성분을 확인하면 대략 30% 정도의 녹말 성분을 함유하고 있다. 강아지도 녹말을 좋아한다는 사실을 사료 제조업자들도 파악하고 있는 것이 분명하다.

반려동물인 개는 물론 야생 쥐와 집쥐, 야생 돼지와 집돼지 등을 비교했을 때 인간이 가축화하거나 인간 근처에서 서식하는 동물은 야생 동물보다 더 많은 녹말 분해 효소 유전자를 지니고 더 큰 활성을 나타내는 것으로 보고되었다. 수렵채집 생활 시기에 이미 인간에 의해 길들여지기 시작한 개를 제외한 대부분 동물의 가축화는 농업이 시작되어 촌락이 형성되면서 가능했으므로 이 동물들의 녹말 분해 능력 또한 인간의 농업과 관련성이 크다고 할 수 있다. 인간이 형성한 문화와 유전자의 공진화가 인간 이외의 생물 종에까지 그 영향력을 미친 것이다.

참고문헌

이상임, 윤신영 (2015) 인류의 기원, 사이언스북스.

그레고리 코크란, 헨리 하펜딩 (2009) 1만 년의 폭발, 김명주 역, 글항아리.

아노 카렌 (1995) 전염병의 문화사, 권복규 역, 사이언스북스.

에블린 에예르 (2020) 유전자 오디세이, 김희경 역, 사람in.

제레드 다이아몬드 (2005) 총, 균, 쇠, 김진준 역, 문학사상사.

Alvarenga IC, Aldrich CG, Shi Y-C (2021) Factors affecting digestibility of starches and their implications on adult dog health. *Animal Feed Science and Technology* 282: Article # 115134. https://doi.org/10.1016/j.anifeedsci.2021.115134.

Ammerman AJ, Cavalli-Sforza LL (1971) Measuring the rate of spread of early farming in Europe. *Man New Series* 6(4): 674–688.

Armelagos GJ, Goodman AH, Kenneth H. Jacobs KH (1991) The Origins of Agriculture: Population Growth during a Period of Declining Health. *Population and Environment* 13(1): 9–22.

Axelsson E, Ratnakumar A, Arendt ML, Maqbool K, ..., Lindblad-Toh K (2013) The genomic signature of dog domestication reveals adaptation to a starch-rich diet. *Nature* 495: 360–364.

Balter M (2007) Seeking agriculture's ancient roots. *Science* 316(5833): 1830–1835.

Buckley MT, Racimo F, Allentoft ME, Jensen MK, ..., Nielsen R (2017) Selection in europeans on fatty acid desaturases associated with dietary changes. *Molecular Biology and Evolution* 34(6): 1307–1318.

Carpenter D, Mitchell LM, Armour JA (2017) Copy number variation of human AMY1 is a minor contributor to variation in salivary amylase expression and activity. *Human Genomics* 11:2. https://doi.org/10.1186/s40246-017-0097-3.

Coletta DK, Hlusko LJ, Scott GR, Garcia LA, ... Mandarino LJ (2021) Association of EDARV370A with breast density and metabolic syndrome in Latinos. *PLoS One* 16(10): e0258212.

Darios F, Davletov B (2006) Omega-3 and omega-6 fatty acids stimulate cell membrane expansion by acting on syntaxin 3. *Nature* 440(7085): 813–817.

Daubert DM, Kelley JL, Udod YG, Habor C, ..., Roberts FA (2016) Human enamel thickness and ENAM polymorphism. *International Journal of Oral Science* 8(2): 93–97.

Edwards M, Bigham A, Tan J, Li S, ..., Parra EJ (2010) Association of the OCA2 Polymorphism His615Arg with Melanin Content in East Asian Populations: Further Evidence of Convergent Evolution of Skin Pigmentation. *PLoS Genetics* 6: e1000867.

Eiberg H, Troelsen J, Nielsen M, Mikkelsen A, ..., Hansen L (2008) Blue eye color in humans may be caused by a perfectly associated founder mutation in a regulatory element located within the *HERC2* gene inhibiting OCA2 expression. *Human Genetics* 123(2): 177–187.

Hanel A, Carlberg C (2020) Skin colour and vitamin D: An update. *Experimental Dermatology* 29(9): 864–875.

Hurtado M, Hill K, Kaplan H, Lancaster J (2001) The epidemiology of infectious diseases among South American Indians: a call for guidelines for ethical research. *Current Anthropology* 42(3): 425–443.

Inchley CE, Larbey CD, Shwan NA, Pagani L, ... Kivisild T (2016) Selective sweep on human amylase genes postdates the split with Neanderthals. *Scientific Reports* 6: 37198.

Jablonski NG, Chaplin G (2017) The colours of humanity: the evolution of pigmentation in the human lineage. *Philosophical Transactions of the Royal Society B: Biological Sciences* 372(1724) https://doi.org/10.1098/rstb.2016.0349.

Kamberov YG, Wang S, Tan J, Gerbault P, ... Sabeti PC (2013) Modeling recent human evolution in mice by expression of a selected EDAR variant. *Cell* 152(4): 691–702.

Kelley J, Swanson WJ (2008) Dietary Change and Adaptive Evolution of enamelin in Humans and Among Primates. *Genetics* 178(3): 1595–1603.

Kidd KK, Pakstis AJ, Donnelly MP, Bulbul O, ..., Speed WC (2020) The distinctive geographic patterns of common pigmentation variants at the *OCA2* gene. *Scientific Reports* 10(1): 15433. doi: 10.1038/s41598-020-72262-6.

Lazaridis, I. Patterson N, Mittnik A, Renaud G, Mallick S, ..., Krause J (2014) Ancient human genomes suggest three ancestral populations for present-day Europeans. *Nature* 513: 409–413.

Mathieson I, Lazaridis I, Rohland N, Mallick S ..., Reich D (2015) Genome-wide patterns of selection in 230 ancient Eurasians. *Nature* 528: 499–503.

Pajic P, Pavlidis P, Dean K, Neznanova L, ..., Gokcumen O (2019) Independent amylase gene copy number bursts correlate with dietary preferences in mammals. *eLife* 8:e44628. https://doi.org/10.7554/eLife.44628 Google Scholar.

Patin E, Quintana-Murci L (2008) Demeter's legacy: rapid changes to our genome imposed by diet. *Trends in Ecology & Evolution* 23(2): 56–69.

Perry GH, Dominy NJ, Claw KG, Lee AS, ..., Stone AC (2007) Diet and the Evolution of Human Amylase Gene Copy Number Variation. *Nature Genetics* 39(10): 1256–1260.

Perry GH, Kistler L, Kelaita MA, Sams AJ (2015) Insights into Hominin Phenotypic and Dietary Evolution from Ancient DNA Sequence data. *Journal of Human Evolution* 79: 55–63.

Sharma R, Singh P, Loughry WJ, Lockhart JM, ..., Truman RW (2015) Zoonotic Leprosy in the Southeastern United States. *Emerging Infectious Diseases* 21(12): 2127–2134.

Slatkin M, Muirhead CA (2000) A Method for Estimating the Intensity of

Overdominant Selection From the Distribution of Allele Frequencies. *Genetics* 156(4): 2119–2126.

Tony WS, Larry KW (2019) The vitamin D-folate hypothesis in human vascular health. *American Journal of Physiology. Regulatory, Integrative and Comparative Physiology* 317 (3). American Physiological Society: R491–R501.

Tooby J, Cosmides L (1990) On the universality of human nature and the uniqueness of the individual: the role of genetics and adaptation. *Journal of Personality* 58(1): 17–67.

Ye K, Gao F, Wang D, Bar-Yosef O, Keinan A (2017) Dietary adaptation of FADS genes in Europe varied across time and geography. *Nature Ecology & Evolution* 1: 167.

8장

말라리아를
이기는
두 가지 방법

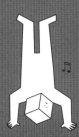

악당을 때려잡는 더 심한 악당

액션 영화의 구도는 단순하다. 무법적으로 활개치는 악당 앞에 선량한 시민들은 숨을 죽인다. 이때 정의로운 주인공이 등장한다. 관객들은 정의로운 주인공이 악당을 물리칠 때 환희를 느낀다. 그런데 만약 악당을 물리치는 주인공이 알고 보니 더한 악당이라면 어떨까? 액션 영화가 서스펜스 스릴러로 장르가 바뀌는 순간이다. 영화에서도 만나기 쉽지 않은 이런 일이 자연계에서는 종종 벌어지곤 한다.

농업을 시작하면서 인류는 주변 환경을 농사를 짓기에 적절한 모습으로 개간 및 변형하였다. 이 과정에서 아프리카에 서식하는 인류는 모기의 공격에 시달렸는데 특히 모기가 옮기는 감염병인 말라리아는 치명적이었다. 말라리아 모기에 물린 후 열흘에서 2주일 정도 지나면 발열과 오한, 머리가 깨질 듯 아픈 두통과 몸 여기저기 근육통이 생긴다. 구토와 설사 등이 동반되기도 한다. 치료를 받으면 대개 이 정도에서 그치고 증상이 호전되지만 운이 따르지 않으면 경련이 일어나고 혼수상태에 빠진다. 더 심하게는 목숨을 잃기도 한다. 세계보건기구에 따르면, 2022년도에도 약 2억 5,000만 명 정도의 사람들이 말라리아에 걸렸고 이 중 61만 명 정도가 목숨을 잃었다. 말라리아는 아직도 인류에게 치명적인 질병이다.

　말라리아가 치명적인 원인은 혈구 세포에 있다. 모기에 물리면, 말라리아를 유발하는 병원체인 열원충이 우리 몸에 들어온다. 몸 안에서 열원충은 적혈구로 이동하여 이용하고 파괴한다. 우리 몸은 지속해서 적혈구를 만들지만, 말라리아 감염 기간에는 많은 수의 적혈구가 계속 파괴된다.[27] 적혈구는 호흡을 통해 얻은 산소를 몸 곳곳의 수많은 세포로 운반하여 에너지를 만드는 기능을 수행한다. 목숨을 유지하기 위해 필수적인 숨쉬기 자체가 위협을 받는 상태이니 이로부터 치명적인 여러 증상이 생겨난다.

　인류는 이 치명적인 말라리아 모기가 판을 치는 더운 곳에서 생

─────

27. 열원충은 인간과 모기 사이를 번갈아 옮겨가며 번식한다. 우리 몸속에서, 생식모세포로 전환된 열원충은 숙주를 공격한 다른 말라리아모기로 옮겨간다. 생식모세포는 암수 생식세포를 만들고 이들은 모기 소화관에서 수정한다. 수정된 접합자는 모기 내장에서 수많은 포자소체를 만들어 다시 인간 숙주를 감염시킬 준비를 한다. 열원충은 아주 작은 감염성 세포 형태로 우리 몸에 들어온다. 이후 간에 들어가 분열하여 증식 형태를 만든다. 이 증식 형태들은 정복합체라는 뾰족한 구조로 적혈구에 구멍을 내고 들어간다. 적혈구에서 이들은 증식하고 다른 적혈구로 옮겨가 증식을 반복한다. 결과적으로 많은 수의 적혈구가 파괴되면서 여러 증상이 나타나게 된다.

존하기 위해 많은 방비책을 고안했다. 모기가 싫어하는 물질을 몸에 바르거나 물웅덩이를 없애고 밤에 돌아다니지 않는 등 여러 민간요법에서부터 모기장 설치까지 다양한 대책을 세웠다. 그런데 우리 몸의 유전자는 진화를 통해 일찌감치 차원이 다른 근본적인 해결책을 만들었다. 유전자가 내놓은 해결책은 말라리아에 대항하는 아주 근원적인 전략이었으니, 바로 말라리아 병원체의 서식처인 적혈구 구조를 변형시켜 열원충 증식을 방해하는 것이었다. 이런 역할을 하는 변이 유전자를 변형 혈구증 유전자라 한다. 변형 혈구증 유전자를 가지고 있으면 정상적 구조와는 다른 적혈구를 만드는데, 적혈구가 달라진 조건에서 열원충은 생존할 수 없다. 그 결과, 모기를 통해 이 돌연변이 유전자를 가진 사람들의 체내에 열원충이 침입해도 말라리아 병 증세를 나타낼 정도로 열원충 수가 늘어나지 못하게 된다.

우연히 출현한 돌연변이인 변형 혈구증은 말라리아를 극복한다. 변형된 적혈구는 말라리아 병원충이 이용하지 못하기 때문이다. 이런 효과가 있지만, 이 유전자를 지닌 사람들은 적혈구가 제 기능을 발휘하지 못함으로써 빈혈 등 더 큰 건강 문제가 야기되기도 한다. 오늘날 과학과 의학이 발달하면서 효과적인 말라리아 치료 및 예방법이 충분히 개발되었다. 예방약을 먹거나 백신을 맞으면 이제 말라리아 때문에 목숨을 위협받을 걱정은 하지 않아도 된다. 그러나 여전히 변이 유전자들은 남아서 인간 건강을 위협한다. 말라리아 잡는 영웅인 줄만 알았던 변이 유전자들이 말라리아 못지않은 악당 노릇을 하는 셈이다. 이 아이러니한 상황을 유전자·문화 공진화 시각으로 자세히 들여다보자.

농업과 모기와 말라리아의 3중주

농업을 시작하면서 인간은 일정한 지역에 정착하여 살게 되었고 인구는 증가했다. 이는 말라리아와 같은 전염병 병원체 입장에서는 한마디로 "이보다 더 좋을 수 없다"의 상황이다. 충분한 규모의 숙주가 확보되었다는 의미이다. 약 20만 년 전에 출현한 이후 호모 사피엔스는 대부분 진화 기간에 걸쳐 수렵과 채집으로 생존하였다. 수렵채집 단계의 사회에서 인류는 집단을 이뤄 사냥과 채집 대상 즉, 먹거리가 있는 곳으로 이동하였다. 먹거리가 고갈되면 또 다른 곳을 향하여 이동해야 했다. 수렵채집인들의 이러한 이동은 집단의 낮은 인구 밀도, 지속적인 이동, 집단 간 접촉 저하 등을 통해 전염병 확산을 자연스럽게 억제하는 효과를 낳았다. 계속되는 이동이 인류에게 제공하는 장단점이 있지만 적어도 말라리아와 같은 전염병 확산에는 장애 요소였다. 말라리아와 같은 전염병에 높은 인구 밀도는 필수적인 전제이다. 그래서 농사로 인하여 특정 장소에 머물러 사는 인구가 많아진 점은 말라리아 확산에 선차적으로 가장 중요한 의미를 지닌다.

요즘 농사가 이루어지는 논과 밭은 대개 용수 조달이 용이하고 잘 정돈된 평지 지형에 위치한다. 하지만 인류가 농사를 시작할 당시

문화는 유전자를 춤추게 한다

에 대지의 대부분은 이런 모습이 아니었다. 아프리카에 철기가 도입되면서 사람들은 수수, 얌, 카사바 등을 키우는 농사를 짓기 시작하였고 이 농사법은 널리 퍼져 나갔다. 서아프리카에 서식하는 여러 종족도 얌 농사를 짓기 시작하였다. 이들이 밭을 일구기 위해 한 일은 나무를 자르고 숲을 태우는 것이었다. 그 결과, 많은 식물의 뿌리가 사라졌는데 빗물을 흡수하는 나무들도 예외가 아니었다. 자연스레 여기저기에 물이 고인 장소가 출현하였다. 또한, 숲을 태우면서 불로 인해 토양에 물을 잘 흡수하는 부엽토가 감소하고 땅이 딱딱해진 결과, 물을 가둘 수 있게 되었다. 이 상태에서 빈번하게 내리는 비로 인해 물웅덩이는 계속 늘어났다. 게다가 사람들이 수많은 나무를 제거하면서 숲이 가렸던 많은 수의 늪이 드러나게 되었다. 온존한 열대우림에서는 교미를 위한 장소를 찾기 어려웠던, 말라리아를 옮기는 수많은 아노펠레스*Anopheles* 속 모기에게 이제 매우 풍족한 교미 환경이 제공된 것이다.

물을 많이 가둔 논, 농경지의 작은 물웅덩이, 우물, 강둑, 관개 시설, 작은 도랑 등은 말라리아의 중간 숙주인 모기의 번식처로 아주 알맞은 곳이다. 모기는 물가에 알을 낳고 이 알이 부화한 유충인 장구벌레는 물속에서 생존한다. 하천이나 큰 강은 유속이 빠르고 벌레를 잡아먹는 물고기 등 천적이 존재한다. 작은 물웅덩이는 이런 위협이 없기 때문에 모기의 번식에 적합하다. 빈 깡통, 폐타이어, 심지어 화분 물받침에 고인 물에서도 장구벌레는 급속하게 번식하여 성충인 모기로 변태한다.

농업이 말라리아 확산에 취약한 점은 또 있다. 면역력 감소가 그것이다. 농사를 통해 얻은 벼와 밀 등 곡물을 주로 먹게 되면서 사람들은 녹말 위주의 영양소를 흡수하였고 반면, 단백질 섭취는 줄어서 면역력이 약해졌다. 게다가 가축을 비롯한 다양한 동물과의 공존도 전염병 확산에 유리하게 작용하였다. 정착 생활을 가져온 농업 문화는 필연적으로 모기와 파리 등 전염병 매개체들도 인간 집단 주변으로 모여들게 만들었다. 모기가 말라리아 병원체의 숙주 역할을 하듯이 곤충은 병원체에게 또 하나의 숙주이다. 코로나19의 예처럼, 아무리 치명적인 병원체라도 숙주가 사람밖에 없는 병원체는 감염된 사람이 약해지거나 죽게 되면, 같이 사라진다. 즉 전염성이 약해지는 것이다. 이와 달리 열원충처럼 숙주로 모기와 사람 등 두 가지 이상의 생물을 이용하는 병원체는 한쪽 숙주가 죽더라도 얼마든지 다른 숙주에게 옮겨갈 수 있다.

이동하지 않는 높은 밀도의 숙주 확보, 숙주의 면역력 감소, 병원체를 매개하는 동물 확보 등 삼박자가 갖춰짐으로 인해 인수 공통 전염병을 포함한 다양한 전염병이 크게 확산되었다.

'문화'라는 새로운 '선택압'

사람들이 만들어낸 농업이라는 문화는 인류의 번성과 동시에 모기의 번창과 말라리아의 확대를 불러왔다. 말라리아에 대응해 인간의 몸은 아예 유전자를 변형시키는 대비책을 내놓았다. 즉 인간이 만든 문화가 선택압으로 작용하여 변이 유전자의 출현을 부른 것이다. 적혈구 구조를 변형시키는 유전자에는 겸상 적혈구증을 유발하는 유전자, 지중해빈혈(탈라세미아) 유전자 등이 존재한다. 이들 유전자에 생기는 변이를 일괄하여 변형 혈구증 유전자라 한다.

사람은 아버지와 어머니로부터 유전자를 하나씩 물려받는데 이 중 하나만 변형 혈구증 유전자를 지녀서 전체 적혈구의 반만 변형된 적혈구가 차지해도 말라리아에 걸리지 않는다. 또한 변형 혈구증 유전자와 정상 유전자를 가진 사람은 평상시에 변형 혈구증으로 인한 이상 증상을 나타내지 않는다. 이것은 변형 혈구증 유전자가 열성임을 뜻한다. 열성 유전자 하나를 지닌 사람을 보인자라 하는데 이들은 평상시에는 정상인과 다름없이 건강할 뿐만 아니라, 말라리아에 걸려도 정상인보다 잘 극복한다. 보인자들은 말라리아 창궐 지역에서 생존에 더 유리했고 따라서 이 유전자는 쉽게 확산할 수 있었다.

그런데 우리 몸이 개발한 전략은 말라리아 억제에는 효과를 나타내지만, 다른 측면에서 인간에게 좋지 않은 결과를 가져온다. 만일 부모 모두가 보인자이고 그 자손이 양쪽 모두에게서 변형 혈구증을 유발하는 변이 유전자를 물려받았다면 '변형 혈구증'이라고 통칭하는 유전병을 겪게 된다. 변형 혈구증 중에서 잘 알려진 겸상 혈구증은 심한 빈혈, 가슴 통증, 뇌 손상 등을 야기한다. 처음에 이 유전병을 연구하던 과학자들은 이 병이 많이 출현하는 지역이 말라리아가 주로 발생하는 지역과 겹친다는 점을 알게 되었다. 이 질병 유전자를 지닌 사람들의 분포를 추적한 연구에 따르면, 보인자는 아프리카 사하라 사막 남쪽을 비롯한 아프리카 곳곳, 사우디아라비아 등 말라리아가 창궐하는 지역에 높은 빈도로 퍼져 있다. 이는 우리 몸이 말라리아 병원체에 대항하는 과정에서 이들 변이 유전자가 생겨났음을 알려주는 단서가 되었다.

흥미롭게도 이러한 시나리오가 적용되지 않는 예가 있다. 짐작하겠지만, 촌락과 같은 영구 서식처를 건설하지 않고 채집과 수렵으로 생존을 이어가는 피그미족과 같은 이동 집단이다. 이런 집단 주변에는 말라리아를 옮길 모기들이 서식할 곳이 마땅치 않다. 따라서 피그미족 구성원들 사이에서 말라리아 발병자는 적다. 이런 상황에서는 변형 혈구증 유전자를 지닌 사람들은 생존은 물론 자손을 얻는 데에 유리하지 않기에 자연히 관련 변이 유전자는 확산되지 못한다.

변형 혈구증은 아프리카에서 약 5,000년 전부터 알려져 있던 질병이다. 이 질병이 출현한 시점은 그 이전이었을 가능성이 큰데 아마도 농사를 시작한 시점과 밀접한 관련이 있음을 시사한다. 변형 혈구증은 문화와 유전자의 공진화 관계를 매우 선명하게 드러내 주는 예라서 많은 진화학자가 관심을 가지고 연구 중인 주제이다.

농업이라는, 인류 생활 방식에 격변을 가져온 문화 현상이 없었더라도 말라리아에 대처하는 우리 유전자의 투쟁 과정에서 변형 혈구증 유전자가 발생할 수는 있었을 것이다. 자연선택 과정의 하나이다. 그런데 농업이 전개되었기에 말라리아 창궐 조건이 훨씬 더 늘어났고 유전자는 그에 맞춰 더욱 빠른 속도로 변형 혈구증 유전자를 광

문화는 유전자를 춤추게 한다

범하게 퍼뜨렸다. 자연이 제공한 환경과는 다른 새로운 선택 조건이 추가된 셈이다. 이것이 대략 1만 년 전 농업 문화 확산과 함께 일어난 유전자의 변화이다.

아프리카 대륙을 벗어난 변이 유전자

물론 농업이 가장 강력한 원천이었지만 이외에도 변형 혈구증 유전자 증가의 원인으로 작용한 문화적 요소는 더 있다. 일부다처제와 친족끼리의 결혼이 그 한 가지이다. 또한 교역이 활발해지면서 여러 지역 사람들 사이의 접촉이 늘어났다. 더 나아가 식민지 개척을 하면서 사람들 사이의 유전자는 섞이게 되었다. 이러한 과정들 모두 변형 혈구증 유전자 전파에 일조하였다.

아프리카 대륙의 많은 국가에서는 일부다처제가 비교적 흔하다. 이 제도를 국가가 허용하거나 관습적으로 수행해 왔기 때문이다. 말라리아가 창궐하는 지역인 사하라 이남의 국가들, 예를 들어, 가나, 세네갈, 케냐, 짐바브웨 등에서 일부다처 결혼율이 높은 편이다.[28] 결혼에는 여러 조건이 있지만, 예나 지금이나 건강은 매우 중요하다. 이

---

28. 2019년에 이루어진 조사에 따르면, 부르키나 파소, 말리, 잠비아, 니제르, 나이지리아, 기니, 기-비소, 세네갈, 토고, 차드 등이 가장 일부다처 결혼율이 높은 10개의 나라이다.

들 국가에서도 건강한 남자는 여러 명의 처를 얻는 데에 유리했다. 말라리아가 창궐하는 지역에서 건강을 유지하는 남자들은 당연히도 이 변형 적혈구 유전자 하나를 지닌 보인자이다. 보인자인 이 '건강한' 남자들은 여러 여성과 결혼했을 가능성이 크고, 그러면 평균적으로 일부일처제의 부부보다 더 많이 자손을 얻게 된다. 이들 나라에서 일부다처제라는 결혼 문화는 변형 혈구증 유전자 전파에 상당한 영향을 준 것이다.

사우디아라비아나 수단의 경우는 또 다른 전파 방식을 보여준다. 이 나라들은 친족끼리의 결혼율이 높다. 예를 들어 2010년대 사우디아라비아의 경우 친척끼리의 결혼율은 50% 이상을 상회하는데 이 중 40~50%는 사촌끼리의 결혼으로 다른 아랍 국가는 물론 지구상 그 어떤 국가보다 빈도가 높다. 이들의 경우, 자손 중 거의 50% 정도가 적혈구 변형에 의한 증상을 나타내는 것으로 알려져 있다. 변형 혈구증 유전자를 지닌 사촌끼리의 결혼은 이 유전자를 두 개 또는 한 개를 지닌 자손을 낳을 확률이 매우 크므로 이 증상의 발생률을 높게 유지하는 원인이다. 상황의 심각성을 인지했는지, 2003년부터 사우디아라비아 정부는 유전 상담을 국민에게 제공하고 의무적으로 결혼 전 유전자 스크리닝을 실시하도록 결정했다. 이러한 시도는 2006년부터 효과를 보기 시작해 변형 혈구증 발생이 줄어들고 있다.

이 유전자를 전파하는 또 다른 문화적 요인은 활발한 교역과 식민지 개척이다. 중동과 북아프리카에 명멸했던 많은 문명 중의 일부

문화는 유전자를 춤추게 한다

는 '지중해 빈혈'과 같은 변형 혈구증 유전자를 곳곳에 전파한 것으로 보인다. 레바논 해안에 거주했던 페니키아인들은 무역을 통해 북부 아프리카의 카르타고, 이탈리아 동해안 등으로 이동하면서 북아프리카에서 기원했을 것으로 보이는 이 유전자를 지중해 서부 주변으로 퍼뜨린 것으로 판단된다. 페니키아인들은 또 교역 거점 확보를 위해 기원전 12세기부터 기원전 8세기 사이에 지중해 전역에 많은 식민지를 건설했다. 후발주자인 그리스인들은 기원전 8세기부터 기원전 5세기까지 이탈리아 남부와 흑해 주변, 프랑스 남부, 스페인 등 서부 지중해 지역과 리비아 등 북아프리카 지역을 포함해 훨씬 많은 식민지를 개척하였다. 이렇게 개척된 무역 거점 혹은 식민지들은 인구 집중과 도시화, 여러 인종 간의 교류와 접촉을 초래하면서 아프리카 지역에 주로 존재하던 변형 혈구증 관련 유전자를 유럽 지역에도 전파하는 데 크게 일조했다.

노예무역과 유전병의 전파

적혈구 이상을 나타내는 유전병인 변형 혈구증 중 대표적인 유전병으로 가장 많이 연구된 질병이 겸상 석혈구증Sickle Cell Disease, SCD이다. 이 질병은 이미 아프리카에서 오래전부터 알려져 있었지만, 정작 이 질병의 정체가 밝혀진 것은 미국에서다.

미국의 변형 혈구증을 연구하던 시카고의 의사 제임스 허릭은 일부 통증과 빈혈을 호소하는 환자로부터 얻은 혈액을 검사했는데 특이하게도 낫 모양을 띤 적혈구가 있음을 발견하였다. 1910년이 되어서야 이 적혈구 모양을 넣은 '겸상 적혈구증'이란 이름이 붙여졌다. 겸상鎌狀은 한자에서 뜻을 유추할 수 있듯이 낫鎌 모양을 의미한다.

이후 겸상 적혈구증에 관한 보고는 미국 내에서 점점 증가했고 과학자들은 이 질병 거의 전부가 아프리카에서 노예로 팔려 온 사람들에게서 발견됨을 알게 되었다. 1927년에 환자의 적혈구가 낫 모양으로의 변화하는 것이 산소가 없는 조건에서 일어남이 발견되었고 1930년대에는 겸상 적혈구증 통증은 낫 모양의 적혈구들이 작은 혈관에 쌓여 혈관을 막기 때문임이 알려졌다. 1949년, 미국의 군 연구소와 미시간대의 과학자들은 이 질병의 유전 양상을 추적, 관찰한 끝에 이 유전병이 열성임을 밝혀냈다.

노벨 화학상과 평화상 수상자인 물리학자 라이너스 폴링은 1951년에 겸상 적혈구증의 원인이 적혈구를 온통 채운 단백질 분자인 헤모글로빈이 정상이 아님을 발견하였다. 겸상 적혈구가 말라리아 병원체의 생존에 불리한 이유도 밝혀졌는데 헤모글로빈의 비정상적인 결집으로 왜곡된 적혈구에는 산소와 영양분이 부족해 말라리아 병원체가 생존할 수 없기 때문이다.[29]

---

29. 헤모글로빈은 2개의 알파와 2개의 베타 글로빈으로 구성된다. 겸상 적혈구증 원인은 11번 염색체상에 있는 베타 글로빈 유전자를 구성하는 438개의 염기 중 17번

문화는 유전자를 춤추게 한다

겸상 적혈구증이 발생하면 산소 수송이 감소하면서 에너지 생산이 현저히 줄어 육체적으로 약해지는 증상을 나타낸다. 또한, 심부전으로 심장 기능이 제대로 수행되지 않거나 급성 가슴 통증 증후군도 발생한다. 무엇보다도 빈혈 현상을 나타나는데 이는 결국 뇌 기능 손상까지 연결되는 매우 치명적인 증상을 유발한다. 현재는 여러 발견을 바탕으로 이 질병에 관한 지식이 축적되면서 꽤 많은 치료 방법이 개발되었다.

미국 국립보건원에 따르면 2024년 기준 겸상 적혈구증 환자는 아프리카 기원 미국인 365명당 1명, 보인자는 13명당 1명의 비율로 태어난다. 겸상 적혈구증 유전자의 진원지인 아프리카는 어떨까. 아프리카는 차원이 다르다. 예를 들어, 나이지리아의 경우, 100명당 2명 정도로 신생아가 이 질병을 지닌 채 태어나므로 아프리카 기원 미국인의 거의 7배이다. 더불어 보인자의 발생 빈도도 아프리카는 10~40% 정도에 이른다. 이러한 상황은 치명적인 유전병인 테이-삭스 병을 사회적으로 극복한 아시케나지 유대인들의 경우처럼 유전학에 기반한 집중적인 대책을 요구한다. 의료적 발전과 주거 환경 개선 등 문화적 변화가 계속되면 말라리아는 점차 근절되고 자연히 말라리아 저항성 변이 유전자들도 빈도가 낮아질 것이다. 문화는 이처

째 염기인 T가 A로 바뀐 돌연변이이다. 이 돌연변이 때문에 사람들은 정상인 알파 글로빈 2개와 입체 구조가 왜곡된 베타 글로빈(HbS) 2개가 결합 된 헤모글로빈을 갖게 된다. 이 단백질이 산소 결합 능력이 감소하였다.

럼 특정 유전자를 더 확산시키기도 감소시키기도 한다.

동양철학의 정수 중 하나인 노자 『도덕경』에는 자연과학자들이라면 결코 그냥 지나칠 수 없는 유명한 구절이 등장한다. "천지불인이만물 위추구天地不仁 以萬物 爲芻狗" 천지 곧 자연은 그냥 법칙대로 움직일 뿐 자비로운 존재가 아니어서 만물을 풀강아지 취급한다. 즉 특별한 감정 없이 자연의 일부로 대할 뿐이라는 뜻이다. 진화의 과정 또한 그러하다. 자연이 어떤 목적과 감정을 가지고 특정한 방향으로 진화를 만드는 것은 아니다. 무심한 자연의 압력에 모든 생물이 각자의 방식대로 대응하다 보니 오늘날의 모습으로 진화하게 되었을 뿐이다. 그렇지만 무심한 자연과 달리 인간이 만든 사회와 문화에는 자애로움이나 연민 등 인간적 감정과 정의로움이라는 기준이 들어설 여지가 있다.

노예무역은 인간의 무역 활동 중 가장 부끄럽고 반인권적인 인신 매매 행위였다. 미국 남부 극소수 농장주들은 자신들의 이익을 위해 자행한 노예무역으로 말라리아 저항성 변이 유전자를 세계 곳곳에 확산시켰다. 그들과 정반대로 오늘의 국제사회는 말라리아 발병률이 높은 아프리카 등 저개발 지역에 경제나 의료 지원을 함으로써 말라리아를 근절하고 관련 변이 유전자를 점차 줄여나갈 수도 있다. 인간은 분명 자연의 일부이지만, 감정이 없는 자연과는 다른 길을 걸을 수 있다.

참고문헌

그레고리 코크란, 헨리 하펜딩 (2009) 1만 년의 폭발, 김명주 역, 글항아리.

닐 캠벨 등 (2022) 캠벨 생명과학 12판, 전상학 등 역, 바이오사이언스.

Archer NM, Petersen N, Clark MA, Manoj T. Duraisingh MT (2018) Resistance
to Plasmodium falciparum in sickle cell trait erythrocytes is driven
by oxygen-dependent growth inhibition. *Proceedings of the National
Academy of Science USA* 115 (28) 7350–735.

De Sanctis V, Kattamis C, Canatan D, Soliman AT, Elsedfy H, Karimi M, Daar
S, Wali Y, Yassin M, Soliman N, Sobti P, Al Jaouni S, El Kholy M, Fiscina
B, Angastiniotis M (2017) *β*-Thalassemia Distribution in the Old World:
an Ancient Disease Seen from a Historical Standpoint. *Mediterranean
Journal of Hematology and Infectious Diseases* 9(1): e2017018.

Hawley WA, Reiter P, Copeland RS, Pumpuni CB, Craig GB Jr. (1987) Aedes
albopictus in North America: probable introduction in used tires from
northern Asia. *Science* 236(4805): 1114–1116.

Hayase Y, Liaw K-L (2007) Factors on Polygamy in Sub-Saharan Africa:
Findings Based on the Demograpic and Health Surveys. *The Developing
Economies* 35: 293–327.

Kariuki SN, Williams TN (2020) Human genetics and malaria resistance.
Human Genetics 139: 801–811.

Livingstone FB (1958) Anthropological Implications of Sickle Cell Gene
Distribution in West Africa. *American Anthropologist* 60(3): 533–562.

Pelley JW (2012) Protein Structure and Function, in Elsevier's Integrated
Review Biochemistry (2nd Edition), Elsevier.

Piel FB, Patil AP, Howes RE, Nyangiri OA, Gething PW, Williams TN,
weatherall DJ, Hay SI (2010) Global distribution of the sickle cell
gene and geographical confirmation of the malaria hypothesis. *Nature*

Communications 1: 104 DOI: 10.1038/bcinns 1104.

Serjeant GR (2013) The Natural History of Sickle Cell Disease. *Cold Spring Harbor Perspectives in Medicine* 3(10): a011783.

Zaini (2016) Sickle-Cell Anemian and Consanguinity among the Saudi Arabian Population. *Archives of Medicine* 8: 1–3.

9장

우유를 마시는
사람들

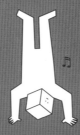

모든 일에는 때가 있는 법

인간은 농사와 함께 목축을 시작하였다. 목축도 농업에 버금갈 만큼 인류에게 큰 영향을 미쳤다. 특히, 북유럽인들은 농사를 짓기에 적합하지 않은 추운 기후와 척박한 토양으로 인해 목축에 의존해서 생존할 수밖에 없었다. 농사가 곡물, 채소, 과일 등 주로 식물성 생산물을 재배하고 수확한다면 목축은 소나 돼지, 양, 염소 등을 길러 고기와 젖, 기름과 가죽, 털 등 동물성 생산물을 산출하는 활동이다. 그런데 목축 생산물 가운데서도 식량 자원이라는 측면에서 보면 가축에서 얻는 고기보다 훨씬 더 중요한 것이 동물의 젖이다. 동물의 젖은 가축을 도살하지 않고 상당히 오랜 기간 반복적으로 생산해 낼 수 있기에 고기보다 더 중요한 식량 자원일 수밖에 없다. 따라서 목축민들에게 동물 젖, 대표적으로 우유의 섭취는 생사를 가르는 기준으로 작용하였다.

그런데 이 우유는 원래 사람은 물론 포유동물의 새끼들에게 적합한 먹을거리이다. 우유의 주요 탄수화물 성분은 이당류인 유당(락토스, lactose)이라는 구조를 갖는다. 신생아는 유당을 분해하는 능력이 있지만 어른이 되면 더 이상 우유에 의존하지 않아도 다른 먹거리를 통해 에너지원을 얻을 수 있으므로 유당 분해 능력은 유지하지 않도록 인간은 진화하였다. 성인이 일정량 이상 우유를 섭취하면 분해되지 않은 유당으로 인해 복통, 설사 등 소화기관 이상이 발생한다. 때문에, 우유 회사는 이런 사람들을 대상으로 한 상품까지 개발하여 공급하고 있다. 유당이 없거나 매우 농도가 낮은, 락토-프리 우유가 그것이다. 우유는 그만큼 원래 성인이 소화하기 힘든 음료이다.

하지만, 북유럽을 비롯해 전통적으로 목축과 낙농이 발달한 지역의 사람들은 성인이 되고서도 우유를 소화하는 데에 별문제가 없는 경우가 많다. 자연의 진화를 통해 성장하고 나면 불필요하다고 스위치를 꺼놓은 우유 소화 능력을 거꾸로 되돌려 놓은 이런 현상은 왜 생겼을까? 문화의 힘이 작용했기 때문이다. 이런 점에서 성인의 우유 소화 능력은 유전자·문화 공진화론을 알기 쉽게 설명하는 대표적 사례로 꼽히곤 한다. 이에 관한 세부 사항을 논의하기 전에 먼저 우유에 관한 과학 상식을 몇 가지 짚고 넘어가자. 우유를 제대로 알아야 우리 유전자가 얼마나 탄력적으로 문화에 적응하는 존재인지 이해할 수 있기 때문이다.

상식1. 우유와 모유

우유는 소의 모유이다. 인간의 모유와 비교해 성분은 어떨까? 인간의 모유는 유청 단백질, 카세인과 각종 항체를 포함한 단백질, 필수 지방산과 콜레스테롤을 포함한 지질, 유당을 비롯한 탄수화물, 비타민, 무기질 등으로 구성된다. 이 성분들에 더해 필수아미노산 모두를 포함한 모유는 그야말로 완전식품에 가까워서 신생아들은 일정 기간 모유만 먹어도 생존할 수 있다. 소젖인 우유도 인간의 모유와 성분은 같지만, 각 성분의 비중이 약간 다르다. 특히 탄수화물(유당) 성분의 비중은 모유 7%, 우유 4~5%로 모유가 높다. 채식주의자도 여러 단계 중 가장 엄격한 채식주의인 비건의 바로 아래 단계까지 유제품 섭취를 허용하는데 이를 '락토 채식주의자Lacto Vegetarian'라고 한다.

상식2. 포도당이 아닌 유당인 이유

지구상의 모든 생물은 음식을 섭취하여 사용할 수 있는 에너지 형태인 ATP를 만드는 데에 소모한다.[30] 인간을 포함한 대부분 동물은 에너지원으로 다른 생물을 먹어 소화해 얻은 포도당을 혈액에 실어 각각의 세포로 수송한다. 세포 내 미토콘드리아는 포도당과 역시 혈액을 통해 전달된 산소를 재료로 하여 ATP를 만들게 된다.

---

30. 어떻게 ATP가 선택되었는지는 알려지지 않았지만, 이 분자는 쉽게 ADP와 인산으로 분해되고 이때 발생하는 에너지를 생물이 이용한다.

이렇게 직접 사용할 수 있는 에너지원 형태가 포도당인데 어머니가 갓난 아이에게 제공하는 모유에는 포도당이 아닌 유당을 담고 있다. 왜 그럴까? 아기에게 줄 소중한 에너지원을 빼앗기지 않으려는 진화 전략 때문이다. 포도당은 생물이 에너지를 얻기 매우 편한 분자여서 인간이나 동물만이 아닌 지구상의 모든 생물이 포도당을 에너지원으로 이용한다. 우리 몸에 서식하는 최소한 1,000여 종 이상의 세균을 포함한 여러 미생물도 마찬가지이다. 하지만, 소화 효소가 있어야만 분해할 수 있는 유당은 대장균을 제외한 대부분의 미생물에게는 그림의 떡이다.[31] 유당 형태는 에너지원을 기생 생물에게 뺏기지 않고 아기에게 전달하는 데에 훨씬 더 효율적이다.

상식3. 유당을 어떻게 소화시키나

모유 또는 우유에 있는 유당을 두 개의 단당류로 분해하는 효소를 락타아제라 한다. 모유는 이유기 이전의 아이들에게 유일한 영양원이므로 이 효소는 생존에 필수적이다. 매우 드물지만, 만약 신생아가 락타아제 유전자에 돌연변이가 생겨 유당 분해를 하지 못하면 에너지를 흡수하지 못해 목숨을 잃기도 한다.

우리나라 대부분 성인은 유당 분해 능력이 없어 우유를 어느 정도 이상 마시면 소화에 곤란을 겪는다. 배가 아프거나 팽만감을 느끼

---

31. 다만, 대장균은 예외이다. 대장균은 사람의 몸속에 살게 되면서 (사실은, 공생을 하면서) 유당을 소화할 수 있도록 진화했다.

고 심하면 구역질이 나기도 한다. 또 장 속에서 가스가 발생하거나 설사를 하기도 한다. 이 증상의 원인은 몸속에 서식하는 대장균이다. 대장균은 소화되지 않고 남은 장 내의 유당을 재료로 발효를 진행하여 산과 가스를 만드는데 이것이 팽만감, 복통, 설사 등을 유발한다.

아이들은 자라면서 젖을 뗀 후, 에너지를 담은 다양한 음식물을 섭취할 수 있게 된다. 이유기 후 사람은 밥, 빵, 시리얼 등 녹말을 섭취하고 소화계는 녹물을 분해하여 포도당을 만든다. 이 무렵이 되면 락타아제 효소를 생성시키는 유전자는 더는 작동하지 않는다. 그렇다고 유전자가 사라지는 것은 아니고 여전히 남아 있지만, 작동 스위치만 내리는 셈이다. 생물 진화는 낭비를 모르는 꼼꼼한 주부처럼 합리성과 경제성을 따진다. 아이가 성장해 여러 가지 에너지원을 섭취할 능력이 생긴 후 굳이 유당 분해 효소를 만드는 데 비싼 에너지를 소모하지 않도록 진화한 것이다.

상식4. 유당 내성이란

이처럼 우유를 잘 소화하지 못하는 것을 유당 불내성증lactose intolerance이라 한다. 우리나라를 비롯한 대부분 문화권에서 이는 자연스러운 현상이다. 세계 인구의 2/3 정도가 유당 불내성증인 것으로 알려져 있다. 말하자면 유당 불내성은 성인이 되기 위한 일종의 성장통이라 할 수 있다. 반대로 유당 내성lactase persistence이 있다는 것은 유당을 소화하는 능력이 있다는 것과 같은 뜻이다. 성인이 되어 자동적으로 스위치가 꺼져야 할 락타아제 효소 생성 유전자가 계속 작동한다는 의미이기도 하다.

우유를 먹어야만 살 수 있었던 북유럽인들

인류가 성인이 되면 유당 분해 효소를 생성하지 않도록 진화했다면 세계의 모든 성인이 유당 불내성증을 나타내야 하는데 그렇지 않다. 유럽과 미국에 거주하는 백인들 다수를 포함하여 전체 인류의 35%가 성인이 되어서도 우유를 거뜬히 소화하는 능력을 지닌 유당 내성자들이다. 왜 이 사람들에게서는 에너지를 쓸데없이 낭비하지 않도록, 성인이 되면 유당 소화 능력이 사라지도록 한 진화의 결과가 적용되지 않는 것일까? 결론부터 말하자면, 인류가 만든 낙농 문화가 유전자의 작동을 다시 바꾼 것이다.

농업과 함께 동물 가축화는 약 1만 2,000년 전부터 시작된 것으로 알려져 있다. 북부 유럽의 춥고 척박한 땅은 벼와 밀을 포함한 그 어떤 곡물도 충분하게 생산하기 어려웠다. 이곳에 살던 사람들은 곡물이 부족한 채로 기나긴 겨울을 견뎌야 했고 자연스레 자신들이 기르던 가축에 의존할 수밖에 없었다. 이때 이들을 구원한 음식이 바로 우유였다. 이미 보았듯이, 우유는 지방과 단백질이 풍부한 훌륭한 영양 공급원이다. 그리고 가축으로부터 평생 얻은 우유는 가축을 직접 먹는 것의 몇 배에 해당하는 에너지를 제공한다. 우유가 제공한 칼슘은 햇빛이 부족한 환경에서 합성이 어려운 비타민 D 대신 작용

　　　　　　　　문화는 유전자를 춤추게 한다

하여 뼈의 약화도 막아준다. 이처럼 우유 소화 능력이 중요한 지역에서 성인이 되어서도 우유를 소화할 수 있는 유당 내성을 나타낸 사람들은 생존에 매우 유리한 조건을 차지했을 것이다.

초기에는 극히 일부 사람들에게 유전자 변이가 일어나 유당 내성이 생겼겠지만, 결과적으로 생존과 번식에 유리한 과정이 대를 이어 반복되면서, 즉 유당 내성 변이가 이어지고 퍼지면서 이곳에 서식하는 사람 중 성인이 되어도 우유를 소화할 수 있는 능력을 유지한 사람들의 비중이 점점 더 늘어나게 되었다. 결국, 목축이라는 문화가 북부 유럽인들에게 유당을 소화하는 변이 유전자의 확산을 가져온 것이다. 그 후손들이 오늘날 유럽과 미국에서 만날 수 있는 백인들이다. 이와 비슷한 일이 아프리카와 서남아시아 일부에서도 일어났다.

유당 내성 유전자의 출현과 확산

그렇다면 이 유당 내성을 가져온 변이 유전자는 목축 지역에 사는 북유럽인들 사이에 얼마나 빨리 확산하였을까? 과학자들은 구체적으로 성인의 유당 내성 돌연변이가 선택되는 정도를 추적하였다. 이를 선택계수라 하는데 유전학자들은 이 유전자 활성 조절 부위의 경우 0.04라고 추정하였다. 이는 유당 내성이 없는 사람들의 다음 세대 자손 100명 중 4명이 유당 내성을 갖게 된다는 의미이다. 이 추정이 옳고 세대를 이어가면서 이 선택계수가 유지된다는 전제하에, 유전학의 원리에 따라 유당 내성을 가진 북부 유럽인의 비율이 10%에서 90%로 늘어나기까지의 시간을 계산하면 100세대가 걸린다. 1세대를 20년으로 간주하면, 약 2,000년 정도가 지나면 북부 유럽인의 90%가 유당 내성을 갖게 된다고 계산할 수 있다. 이 시간은, 호모 사피엔스가 출현한 때가 20만 년 전이라고 전제할 때, 호모 사피엔스의 진화 기간의 1%에 불과한 매우 짧은 시간이다.

이러한 추론에 힘을 실어주는 결과도 여럿이 알려졌다. 우선 유당 내성을 유발하는 돌연변이가 8,000년 전에 생긴 이후 유럽에서 퍼져 나간 결과, 덴마크와 스웨덴에서 95% 정도의 점유율을 보였다는 연구가 있다. 또 유럽인 조상 230명의 DNA를 조사했더니 유당 내성을 나타내는 돌연변이가 4,500년 전 정도에 출현했고 이 유전자는 북유럽에 신속하게 퍼져서 거의 98%의 사람들이 이 돌연변이, 즉 유당 내성을 지녔다는 연구 결과도 발표되었다.

제반 사실을 종합하면, 유당 내성 돌연변이가 약 1만~5,000년 전에 일어났으며 이후 목축의 영향으로 이 변이를 지닌 북부 유럽인의 비율이 빠르게 증가해 비교적 짧은 시간인 약 2,000년 동안에 이러한 유전적 특징이 강하게 선택되었다. 이를 미루어 짐작해 보면, 다른 문화권에서도 이와 비슷한 방식으로 유당 내성 변이의 선택과 확산이 일어났을 가능성이 크다.

강력한 기마 민족의 탄생

유당 내성은 목축의 출현 이후 곳곳에서 발견되었다. 구체적으로 스텝 지역에 거주하던 여러 종족, 동아프리카 여러 나라, 중앙아프리카의 투치족, 중동 등의 여러 문화권에서 성인의 유당 내성이 발견되었다.

유당 내성이 군사적으로 강력한 종족의 출현과 관련이 있다는 주장도 일부에서 제기된다. 이 종족은 현 유럽과 인도인의 조상인 원-인도유럽인 종족으로, 카스피해와 흑해에 인접한 초원(스텝) 지역이 주 활동무대였다. 오래전부터 소를 길러왔던 이 목축인 집단은 여러 차례 군사 정복을 통해 팽창했다고 알려져 있다. 이 지역은 강수량이 적어 사람들은 귀리나 호밀을 경작할 수 있었다. 소를 가축으로 키운 이들은 처음에 소를 약간의 밭농사와 수레를 끄는 수송에 사용하였고 고기를 얻었다. 여기에 유당 내성을 유지할 수 있는 변이 유전자가 출현하고 앞에서 보았듯이 세대를 거듭하며 유당 내성자가 빠르게 늘어나면서 목축은 더욱 증가하였다. 목축이 활성화될수록 이들 종족은 우유를 더욱 섭취하게 되어 훨씬 많은 칼로리와 단백질을 얻을 수 있었다.

이러한 이섬으로 인해 이 집난은 나른 종족에 비해 군사들을 먹이는 데에 상대적인 우위를 점하게 되었다. 또 이들 유목민이 기른 말은 강력한 군대의 요건 중 하나인 기동력과 보급력을 향상시켰다. 이 종족은 목축을 하면서 점점 더 소를 키우는 데에 노력을 더욱 많이 기울였고 곡식을 얻을 수 있는 농업은 더 등한시했다. 이들은 증가한 에너지와 체력을 바탕으로 기동성을 갖게 되었고 이는 다른 농업 종족과 싸움에서 유리하게 작용했다. 또한, 농업을 주로 하는 종족은 지켜야 할 땅과 집 등이 있지만 이들은 그렇지 않았다. 유목 종족은 얼마든지 자신들이 원하는 시간과 장소를 골라 싸움을 수행했다. 바야흐로 불패의 강력한 전사 집단이 출현하게 된 것이다. 목축이 유당 내성의 진화를 유도했고 결과적으로 군사적으로 강력한 종족을 출현시킨 것이다.

스텝 지역에서 농업 종족에 대한 우유 사용 종족의 이러한 우세는 거의 채식만으로 영양을 섭취했던 오스트랄로피테쿠스와 육식(잡식)을 한 현 인류의 조상인 오스트랄로피테쿠스의 경쟁을 떠올리게 한다. 약 300~200만 년 전에 존재했던 오스트랄로피테쿠스 속에는 아파렌시스_A. afarensis_, 아프리카누스_A. africanus_, 아나멘시스_A. anamensis_, 세디바_A. sediba_ 등 여러 종이 있었다. 이들 가운데 아파렌시스 종과 아프리카누스 종은 식물 외에도 작은 곤충이나 소형 동물도 섭취한 잡식성으로 학계에서는 보고 있으며 이들 잡식성 종이 호모 속으로 진화한 것으로 간주한다. 육식도 마다하지 않은 오스트랄로피테쿠스의 일부 종이 현존 인류를 남겼듯이 우유 사용 종족도 북유럽과 스텝 지역 곳곳에 자손을 남겼다.

문화는 유전자를 춤추게 한다

아프리카 지역의 유당 내성

성인에게도 락타아제 효소를 만드는 유전자가 작동하여 유당 내성을 나타내는 사람들을 대륙별로 기록한 세계 지도를 살펴보면, 다른 지역이 10% 정도인데 반해 유럽(60~95%)과 함께 수단, 르완다, 탄자니아 등을 포함한 동아프리카(85%)와 중동(75%)에도 높은 비율로 존재함을 알 수 있다. 또 다른 조사에 따르면, 아프리카 중부 지역인 수단의 유목민 베자족은 80%, 역시 중앙아프리카 지역인 르완다, 부룬디, 콩고 등에 거주하는 투치족은 90% 정도가 유당 내성을 가진 것으로 나타난다. 이러한 결과는 이들의 유당 내성이 어떤 측면에서 출현했는지 역사문화적으로 검토할 필요를 제기한다. 왜냐하면, 이들은 북유럽인과는 확연히 다른 자연환경에 대응해서 다른 방식으로 생존해 왔기 때문이다.

아프리카의 베자족은 광활하고 거친 사막에서 생존해야 한다. 특히 건기가 오면 물이 가장 큰 문제이다. 이들은 부족한 물 대신 하루에 3리터 이상의 우유를 마시는 생활 습관을 갖고 있다. 베자족의 유당 내성은 물이 부족한 환경적 영향이 컸을 것으로 짐작된다.

탄자니아에서 수렵과 채집으로 생존을 이어가는 하드자족을 연구한 펜실베이니아대학교의 유전학자 사라 티시코프는 다른 가능성을 제시한다. 이 종족은 약 반 정도가 유당 내성을 나타내는데, 유당 분해 반응에 관여하는 단백질이 탄자니아에 풍부한 야생식물의 성분인 플로리진phlorizin도 분해한다는 것이다. 따라서 과도한 양의 약물 성분을 줄여 신장 기능 이상 등 부작용을 줄이는 효과도 가능했다.

티시코프 팀은 이러한 결과와 함께 유전자 활성이 조절되는 양상을 조사하였다. 이들은 북유럽인들을 대상으로 한, 이미 살펴본 바와 같은 연구 방법을 동원하여 탄자니아, 케냐, 수단인들을 대상으로 조사를 수행하였다. 유전자 활성의 조절에 관한 결과에 따르면, 이들은 가축을 기르고 우유를 소비하기 시작하면서 약 7,000년 전에 유럽인들처럼 유당 분해 효소 유전자의 조절 부위에 변이를 갖게 되었는데 변이의 종류는 다르다. 이 변이는 케냐와 탄자니아 등 동아프리카 지역에서 7,000년에서 3,000년 전에 널리 확산한 것으로 알려져 있다. 고고학 자료에 따르면, 유럽에 비해 늦게 나타났지만, 바로 이 시기가 가축화 시기와 일치한다.

생물학자들은 이렇게 유럽 이외의 지역에서 유당 내성이 독립적으로 나타난 현상을 일종의 평행진화로 간주한다. 그러니까, 아프리카와 중동의 유당 내성 변이는 유럽과는 아무런 관계가 없다는 의미이다. 이는 마치, 친척 관계는 매우 멀지만, 비행에 필요해서 날개를 갖게 된 나비와 새의 경우와 같다. 즉, 유당 내성 변이가 서로 다른 유전자 조절 부위에서 생겼는데 그 결과 우연히 동일한 증상, 즉 유당 내성이 출현했을 뿐이다. 또한, 여러 연구자의 연구 결과에 따르면 이러한 평행진화가 아마도 적어도 다섯 번 독립적으로 일어난 것으로 보인다. 현재 전 세계 인구의 1/3 이상이 유당 내성을 지닌 것으로 알려져 있는데, 이 결과가 옳다면 이 많은 수의 인류는 적어

문화는 유전자를 춤추게 한다

도 다섯 번 이상 유당 분해 효소 유전자 활성을 조절하는 부위에 생긴 돌연변이 중 하나를 보유하게 된 것이다.

지금까지 우리는 대부분의 유럽인 예를 들자면 알프스의 소녀 하이디는 성인이 되어서도 매일 우유를 몇 컵씩 마셔도 거뜬한데 왜 아시아인들은 대부분 우유만 마셨다 하면 화장실에 들락거리기 바쁜지 이유를 알아보았다. 하이디는 목축민의 후손이고 한국인과 아시아인들은 조상 대대로 농사만 짓고 살아온 농민의 후손이라는 점이 결정적 차이였다. 동일한 호모 사피엔스라 하더라도 조상들의 생계 수단이 목축 문화였느냐 농사 문화였느냐에 따라서 유당 내성에 관여하는 유전자가 다르게 진화한 것이다. 이 차이가 집단 간에 너무나 뚜렷하고 더구나 기특하게도 단 하나의 유전자가 관여한다는 점에서 유당 내성은 유전자·문화 공진화를 연구하는 학자들에게 마르지 않는 샘물처럼 많은 아이디어와 연구 과제를 끊임없이 제공하는 주제이다.

📍 **참고문헌**

그레고리 코크란, 헨리 하펜딩 (2009) 1만 년의 폭발, 심병주 역, 글항아리.
마를린 주크 (2017) 섹스, 다이어리, 그리고 아파트 원시인, 김홍표 역, ㈜위스덤하우스 미디어그룹.
제리 코인 (2009) 지울 수 없는 흔적, 김명남 역, 을유문화사.
조너선 실버타운 (2019) 먹고 마시는 것들의 자연사, 노승영 역, 서해문.

조지프 헨릭 (2017) 호모 사피엔스-인류를 진배종으로 만든 문화적 진화의 힘, 주명진·이병권 역, 21세기북스.

피터 글럭맨, 앨런 비들, 마크 핸슨 (2008) 진화의학의 이해, 김인수 등 역, 허원북스.

Bayless TM, Brown E, Paige DM (2017) Lactase Non-persistence and Lactose Intolerance. *Current Gastroenterology Reports* 19 (5): Article number 23.

Enattah NS, Jensen TGK, Nielsen M, Lewinski R, ..., Peltonen L (2008) Independent Introduction of Two Lactase-Persistence Alleles into Human Populations Reflects Different History of Adaptation to Milk Culture. *American Journal of Human Genetics* 82(1): 57–72.

Hou K, Wu Z-X, Chen X-Y, Wang J-Q ... Chen Z-S (2022) Microbiota in health and diseases. *Signal Transduction and Targeted Therapy* 7: Article number 135.

Ingram CJE, Mulcare CA, Itan Y, Thomas MG, Swallow DM (2009) Lactose digestion and the evolutionary genetics of lactase persistence. *Human Genetics* 124(6): 579–91.

Itan Y, Jones BL, Ingram CJE, Swallow DM, Thomas MG (2010) A worldwide correlation of lactase persistence phenotype and genotypes. *BMC Evolutionary Biology* 10: Article No. 36.

Laland KN, Odling-Smee J, Myles S (2010) How culture shaped the human genome: bringing genetics and the human sciences together. *Nature Review Genetics* 11(2):137–48.

Ley RE, Turnbaugh PJ, Klein S, Gordon JI (2006) Human gut microbes associated with obesity. *Nature* 444: 1022–1023.

Mathieson I, Lazaridis I, Rohland N, Mallick S ..., Reich D (2015) Genome-wide patterns of selection in 230 ancient Eurasians. *Nature* 528: 499–503.

Montgomery RK, Büller HA, Rings EH, Grand RJ (1991) Lactose intolerance and the genetic regulation of intestinal lactase-phlorizin hydrolase, *FASEB Journal* 5(13): 2824–2832.

Richerson PJ, Boyd R, Henrich J (2010) Gene-culture coevolution in the age of genomics. *Proceedings in National Academy of Sciences USA* 107 Suppl 2: 8985–8992.

Storhaug CL, Fosse SK, Fadnes LT (2017) Country, regional, and global estimates for lactose malabsorption in adults: a systematic review and meta-analysis. *The Lancet. Gastroenterology & Hepatology* 2 (10): 738–746.

Tishkoff SA, Reed FA, Ranciaro A, Voight BF, ..., Deloukas P (2007) Convergent adaptation of human lactase persistence in Africa and Europe. *Nature Genetics* 39(1): 31–40.

10장

문화의 다양성과
공진화

치즈와 요구르트가 알려주는 것

가축을 키웠던 종족들은 모두 유당 내성을 지니게 되었을까? 예를 들어, 일찍부터 목축을 시작했던 서남아시아 많은 지역에서는 유당 내성이 진화하지 않았다. 같은 목축민이라도 이렇게 서로 다른 진화의 경로를 걷게 된 것도 문화의 영향이다. 긴 겨울과 짧은 여름 기후로 인해 작물 재배가 쉽지 않았던 북유럽과 달리 서남아시아 지역은 다양한 농작물을 키울 수 있었다. 유제품에 대한 의존도가 북유럽만큼 높지 않았던 것이다. 여기에 더하여 서남아시아인들이 목축업을 시작한 초기부터 유당이 제거된 요구르트와 치스를 만들어 사용한 것이 유당 내성을 가질 필요가 없는 이유로 작용한 것으로 보인다.

유산균의 일종인 락토바실리우스*Lactobacillus* 속[32]에 속하는 세균들은 다른 종류 세균이나 효모를 포함한 미생물 등 웬만한 생물들이 갖지 못하는 유당 사용 능력이 있어 유당을 젖산으로 전환한다.

서남아시아인들은 이 세균을 이용해 제조 과정에서 유당이 거의 제거된 치즈와 요구르트를 생산하여 먹기 시작하였다. 치즈 제조의 역사는 거의 8,000년 전으로 거슬러 올라가며 요구르트는 그보다 약 2,000년 뒤 이 지역 사람들의 식생활 속으로 들어왔다. 메소포타미아 지역에 살던 수메르인들이 BC 3,000년경에 남긴 점토판 중에는 치즈 생산량을 기록한 것도 발견되었다. 치즈와 요구르트는 영양 성분이 우유처럼 풍부할 뿐 아니라, 장기 보관도 가능하다. 그 결과, 다른 아시아인들처럼, 서남아시아인들은 가축을 기르더라도 유당 내성이 진화하지 않은 채 생존할 수 있었다.

치즈와 요구르트 또는 우유를 사용한 발효 음료의 발견과 발전이 사람들에게 미친 영향을 통해 우리가 내릴 수 있는 결론은 적어도 두 가지이다. 첫 번째는 우유 가공 기술 역시 특정 문화권의 생물학적 진화 방향을 결정했다는 것이다. 치즈와 요구르트 등의 유제품을 만들 수 있는 문화권에 속하는 사람들은 성인의 생존에 유당 내성이 필수적이지 않았고 그에 따라 유당 내성 진화도 이루어지지 않았다.

---

32. 지구상의 모든 생물은 영역-계-문-강-목-과-속-종의 체계로 분류할 수 있다. 사람은 진핵생물 영역-동물계-척삭동물문-포유강-영장목-호미닌과-호모속-호모 사피엔스 종으로 분류된다. 마찬가지로 이 유산균은 세균 영역-Bacteria계-Bacillota문-Bacilli강-Lactobacillales목-Lactobacillaceae과-Lactobacillus속으로 분류할 수 있다. 이 속에는 여러 유산균 종이 포함되어 있다.

문화는 유전자를 춤추게 한다

두 번째는 인간이 아닌 다른 생물에서의 유당 내성 진화이다. 치즈와 요구르트는 인류의 낙농이 낳은 산물이다. 특히 치즈는 원산지, 음식 문화와 미각적 선호, 숙성 등 제조 및 보관 기술에 따라서 매우 다양한 종류로 발전했다. 치즈를 그다지 즐기지 않는 사람이라 해도 대부분 모차렐라, 라코타 등 신선 치즈 계열과 숙성 기간이 길고 딱딱한 고다, 체다 치즈, 푸른 곰팡이로 숙성한 고르곤졸라 치즈 등을 구분할 정도이니 말이다. 치즈가 기본적으로 미생물에 의한 발효 음식이라는 점을 감안할 때 치즈의 이 다양성은 그만큼 많은 미생물의 진화가 일어난 과정이라 할 수 있다. 예를 들어, 프랑스, 이탈리아, 덴마크의 낙농업자들은 각각 서로 다른 미생물 균주를 사용하여 블루 치즈를 제작한다. 각 문화권에서 치즈 제작법이라는 문화의 차이에 의해 선택되고 성공적으로 늘어난 세균이나 효모 등 미생물 종이 달라지는 진화가 일어난 것이다.

결국, 인류는 문화권에 따라 우유를 섭취하는 방법이 서로 다르게 발전해 직접 우유를 소화하기도 하고 가공해 먹기도 하였다. 이 문화적 차이는 우리 몸의 유전자 수준에서의 변화도 동반했다. 뿐만 아니라 인간이 만든 문화는 호모 사피엔스 종을 넘어서 인간과 밀접하게 관계를 맺고 살아가는 여러 동물 나아가서 주변의 다양한 미생물에게도 선택압으로 작용해 그들의 유전적 변화까지 추동했다고 할 수 있다. 우리는 문화와 유전자의 공진화가 인간을 넘어 광범위하게 일어나는 장면을 목격하게 된 것이다. 호모 사피엔스 종의 문화가 다른 생물 종에 미친 진화적 영향은 앞으로 주요한 연구 주제들인데,

그 가운데 하나로 인간의 가장 가까운 친구인 개에게는 어떤 일이 일어났는지 조금 더 살펴보기로 하자.

개에겐 있고 늑대에겐 없는 것

개는 인류의 오랜 친구이다. 늑대 중 유난히 인간에게 살가웠던 일부 무리는 인류 집단 근처에서 살다가 언제부턴가 아예 인간과 한 살림을 차렸다. 당연히 이들 개의 조상은 인류와 진화의 길을 같이 걸어왔다. 농업을 다룬 7장에서 이미 보았듯이, 농사의 출현 후 개는 사람과 같이 녹말 소화 능력을 진화시켰다. 반면, 자연 상태의 늑대는 여전히 녹말 소화에 취약하다. 또한 목축 문화의 영향을 받은 개들은 주인인 사람들처럼 일부는 유당 분해 능력을 얻게 되었다. 늑대만이 아니라 모든 포유동물은 앞장에서 설명했듯이 새끼 때는 젖을 먹지만 자라고 나면 유당 분해 능력이 사라진다. 따라서 성장하면 유당 불내증을 겪을 수밖에 없다. 늑대에서는 거의 찾아볼 수 없는 유당 소화 능력이 일부 개에서는 발견된다.

개의 가축화는 빠르면 약 4만 년 전부터 진행되었다고 알려져 있다. 구석기 수렵채집인들이 사냥을 하면서 남긴 동물 사체를 일부 늑대가 먹기 시작하면서 두 종의 우호적 관계가 시작된 듯하다. 1만 5,000년 전부터는 인간과 늑대가 사냥을 하면서 서로 협력하는 관계가 만들어졌을 가능성이 존재한다. 인간은 사냥감 추적에 늑대의

문화는 유전자를 춤추게 한다

후각을 이용하고, 늑대는 인간이 사냥하다 놓친 동물을 잡거나 사냥 수확물을 일부 얻는 식으로 협력이 이루어지면서 특히 인간에게 순종적이고 더 잘 협력하는 늑대가 점점 인간 사회에 발을 들여놓게 된 것으로 보인다. 1만 년 전쯤에는 인간과 같이 거주하는 늑대, 즉 초기 개의 흔적이 유럽이나 시베리아, 중국 지역의 유적을 통해 발견된다.

이러한 역사적 과정은 대략 4만 년 전부터 개는 자연에 의한 선택 대상인 동시에 인간 문화에 의한 선택의 대상도 되었다는 것을 뜻한다. 현존하는 개의 조상은 인간과 같이 살게 되면서, 자연환경에 적응만이 살길인 회색 늑대와는 전혀 다른 진화의 길을 겪었다. 이러한 사실을 고려하면, 개의 진화에 관한 연구는 인간의 생활과 밀접해진 개의 특성을 관찰하는 방법과 개와 늑대의 차이를 살펴보는 방법 모두 유용할 것이다. 유전자 수준에서 이러한 연구가 일정 정도 성과를 나타내고 있다. 예를 들어, 인간이 농업을 시작하면서 늘어난 녹말 섭취와 관련된 유전자가 선택되었다는 보고, 늑대에게는 없는 지방산 합성과 항산화 능력에 관련된 유전자에 대한 보고 등이 해당한다.

인간 문화와 관련해서 살펴볼 수 있는 개의 유전자 중 하나가 역시 유당 내성 관련 유전자이다. 인간이 개의 먹이에 막대한 영향을 미친다는 점을 감안한다면 더욱 그렇다고 할 수 있다. 특히 인간의 유당 내성이 진화한 유럽에 서식하는 개들의 자료를 분석하는 것이 의미가 있을 것이다. 다행히도 최근에 개의 유전체 정보가 꽤 많이 축적되면서 유당 내성 관련 유전자 활성 변화에 관한 의미 있는 결과를 얻을 수 있게 되었다.

중국 과학 학술원의 동물학자 장야핑이 이끄는 연구팀은 이러한 추론에 의미 있는 증거를 제공하였다. 이들이 많은 유럽 개를 조사한 바에 따르면, 락타아제 유전자에 돌연변이가 일어났고 이는 유당 분해에 유용했을 것으로 추측했다. 이 유전자는 서서히 퍼져 유럽 견종 중 상당 부분이 이 유전자를 지니게 되었다. 과학자들은 이러한 변화는 중부 유럽에서 개를 먹일 정도의 생산력이 만들어진 약 6,500년 전 이후에 일어난 것으로 추정한다.

인간의 목축업이라는 문화는 유전자 수준에서 변화를 일으켜 인간의 유당 내성을 진화시켰고 인간의 동반자로 가장 밀접한 관계에 있는 개의 유당 내성도 진화시켰다. 이는 우리 인간의 문화가 인간의 유전자 진화에만 영향을 미치는 것이 아니며 인간과의 관계가 각별한 여러 생물종에 자연과는 다른 차원에서 선택압으로 작용해 유전자 차원의 변화를 가져온다는 사실을 잘 보여준다.

인종 차별에 악용된 우유

인종 차별은 그야말로 반인륜적이다. 안타깝게도 유당 내성은 인종 차별의 수단으로 사용되었다. 생물학의 시각에서 인종 차별의 근거는 박약하기 이를 데 없다. 악용 가능성이 있으므로 생물학적 지표가 무엇이 되든 인종 차별의 수단이 되는 것은 경계해야 한다.

유럽인들은 일찌감치 아프리카로 눈을 돌려 식민지를 개척하였다. 이들 중 일부는 아프리카로부터 자원과 노동력 등을 있는 대로 수탈하는 것으로는 모자랐는지, 반영구적인 착취를 위한 장치를 준비했다. 인종주의 씨앗을 심어놓은 것이다. 1897년 지금의 르완다 지역을 점령한 독일 식민지배자들은 소수파인 투치족을 통치에 이용하기 위해 종족 구성을 구분하였다. 당시 르완다는 목축업을 주로 영위하는 투치족과 농업 위주인 후투족을 중심으로 구성된 사회였다. 독일은 투치족을 우대하면서 유럽식 이름을 부여하고 정부 기구의 관리자로 삼아 후투족을 통제하는 차별 정책을 펼쳤다. 적은 인원으로 식민지를 지배할 때, 피지배 국가나 민족을 분열시키고 통치하는 전형적인 제국주의적 식민 정책의 일환이었다. 이들은 투치족이 후투족보다 우월하다고 주장하였는데 그 근거로 투치족이 유럽인과 기원이 같고 피부가 검게 변한 노아의 자손이라 하였다.

이 인종주의 토대를 더욱 강화한 것은 20세기 들어 독일이 패퇴한 후 르완다를 통치한 벨기에 관료들이다. 1차 세계대전에서 독일이 패하자, 르완다 지역을 지배하게 된 벨기에인들은 당시 유럽에서 프랜시스 골턴으로부터 시작되어 세를 넓히고 있던 우생학을 점령 중인 르완다 사람들에게 적용하였다. 독일인들과 마찬가지로, 목표는 르완다를 구성하는 다수 종족인 후투족을 통치하는 것이었고 이를 위해 벨기에인들도 소수파인 투치족의 차별화를 시도하였다. 벨기에 식민지배자들은 투치족은 후투족과 비교하여 뇌가 더 크고 피부가 상대적으로 더 밝으며 자신들처럼 우유를 소화할 수 있다는 점 등에서 투치족이 유럽에서 유래했다는 주장을 내세웠다. 물론 유럽에서 유래한 인종이 왜 더 우월한 인종인지, 그전에, 인종을 나누는 기준은 무엇인지 근거가 제시된 바는 없다.

유당 내성에 관한 주장도 마찬가지이다. 사실, 이미 살펴본 대로, 투치족도 아프리카의 다른 종족과 마찬가지로 전통적인 목축민으로 살아왔기 때문에 독립적으로 유당 내성을 지니게 된 것이지 북유럽인들과 어떤 관계가 있었던 것으로 볼 수 없다. 마치, "날개가 있으니 나비는 새와 같은 종족"이라는 주장이나 다름없다. 어쨌든 이들의 주장은 투치족과 대비하여 후투족을 비롯한 르완다의 다른 구성원들과 차별하는 근거로 활용되었다. 벨기에인들은 르완다인들에게 민족 신분증 제도를 도입했고 이는 종족들 간의 갈등의 원인으로 작용하게 되었다.

벨기에 식민주의자들이 물러간 후, 르완다를 다스리던 투치족 정권은 그동안 차별을 받았던 다수파인 후투족의 공격으로 무너졌다. 이어서 후투족의 투치족에 대한 대대적인 탄압이 잔인하게 진행되었다. 특히 1994년 4월 6일 후투족 출신인 주베나르 하뷔아리마나 대통령이 비행기 폭발로 사망하는 사건이 발생하자 후투족 극단주의자들은 이를 빌미로 투치족에 대한 무자비한 살육을 시작했다. '르완다 대학살'이라고 알려진 이 사건으로 약 100일 동안 80만 명 이상이 사망하고 많은 실종자, 난민이 발생했다.

이러한 광란의 뿌리에는 유럽인들이 아프리카에 남기고 간 제국주의의 유산과 사이비 과학이 똬리를 틀고 있음을 부인하기 어렵다. 우생학은 이미 인류에게 커다란 고통을 안겨준 사이비 과학이다. 목축 문화가 진화시킨 일부 인류의 유당 내성이 인간을 파괴하는 인종 차별의 근거로 사용되었다니 서글픈 일이 아닐 수 없다.

문화적 차이와 진화

인종주의자는 자신이 속한 집단이 지닌 사소한 일부 특징을 인종 우월성의 지표라고 강변한다. 예를 들어, 미국의 극우 정치 집단인 대안 우파Alternative right는 지금도 여전히 우유 소화 능력을 자랑스러운 백인의 특징으로 내세운다.

어른은 많은 음식을 먹어 골고루 영양분을 얻는다. 그래도 어른이 우유를 남들보다 더 잘 소화하면 더 우수한 건지 이유를 묻지 않을 수 없다. 우유 대신 또 다른 완전식품인 달걀을 잘 먹는 사람은 어떨까? 이런 식이라면 한 가지 음식이라도 소화하지 못하는 사람들은 열등하다고 주장해도 할 말이 없을 것이다. 예를 들어, 백인이라도 특정 음식에 알레르기를 지닌 사람들은 열등한 인종으로 분류되어야 한다.

생물학자로서 인종은 도대체 무엇을 기준으로 하는지, 그 근거는 있는지 짚고 넘어가지 않을 수 없다. 투치족의 경우처럼 어른들의 우유 소화 능력인가? 아니면 널리 퍼져 있는 피부색, 즉 멜라닌 색소를 만드는 유전자의 차이인가? 밝은색 피부는 비타민 D 합성이 가능하니 우수한 특징인가? 생선을 잘 먹으면 비타민 D는 손쉽게 얻을 수 있다. 오히려 자외선으로부터 피부를 보호하는 멜라닌 색소가 부족하니 열등한 건 아닐까?

말라리아 저항성 유전자는 또 어떤가? 겸상 적혈구증은 말라리아를 견딜 수 있으니 헤모글로빈 이상 유전자가 우수한 인종의 지표라면 뭐라고 답할 것인가. 혈액형은 어떤가? 세계적으로 가장 많은 O형인 사람들은 가장 큰 규모의 인종을 구성할 것이다. 피부색으로 황인종, 흑인종, 백인종을 구분한다면, 혈액형으로 O형 인종, A형 인종, B형 인종, 이런 구분이 가능하다는 것인가? 관습적으로 피부색에 따라 인종을 구분하기도 하지만 인체에서 피부의 두께는 표피와 진피, 피하지방층을 다 합해 최대 6mm에 불과하며 그 중에서도 피부색을 결정하는 멜라닌 세포가 존재하는 표피층은 0.1~1mm 내외 정도일 뿐이다.

관습적으로나 편의적으로 또는 파시스트들이나 제국주의자들이 그랬듯이 어떤 목적을 위해서 인간을 나누고 구분하자면 한도 끝도 없다. 과학적인 시각에서 인종은 의미 없는 분류 체계이다. 인간은 전체 유전자의 99.9%가 모든 사람에게 공통적으로 동일하게 나타난다. 사람들 간에는 불과 0.1%의 유전적 차이가 있을 뿐이다. 이마저도 개인 사이의 유전적 차이가 이른바 인종 사이의 유전적 차이보다 크다. 예컨대 아시아인과 백인의 유전적 차이보다는 같은 백인 내 두 사람의 유전적 차이가 더 크다는 것이다. 우리 호모 사피엔스

문화는 유전자를 춤추게 한다

종은 단일한 하나의 종이며 인간은 동일한 종 내에서 약간의 생물학적, 생리학적 차이를 가질 뿐이다. 이 사소한 차이의 대부분은 살아가는 지역의 특정한 자연 환경이나 그에 대응하면서 형성된 인간 문화에 따라서 나타난 것일 뿐이다.

과학은 인간이 지닌 다양한 특징이 어떤 자연환경이나 문화적 조건에서 왜 특정 종족에서 발현되는지를 알려준다. 이 책에서는 특히 그 중에서도 인간이 형성한 문화적 조건이 유전자와 어떻게 상호관계를 맺으며 공진화했는지를 탐색해왔다. 모든 생물이 그렇듯, 인간도 다양한 환경에서 생존을 이어가려면 유전자 변화를 동반한 진화를 겪어야 한다. 그 결과가 오늘날 우리가 목격하는 다양한 특징을 지닌 인류이다. 이 인류의 다양성은 생존과 공진화의 원동력이다. 생물학은 생물의 생존과 번식에 다양성이 얼마나 중요한지 많은 사례를 알려주었다. 차이와 다양성을 존중하고 공진화의 길을 함께 걸어가라는 것, 이것이 생물학이 우리 인류에게 주는 깊고 큰 교훈일 것이다.

참고문헌

에블린 에예르 (2020) 유전자 오디세이, 김희경 역, 사람in.
조녀선 실버타운 (2019) 먹고 마시는 것들의 자연사, 노승영 역, 서해문집.

Duello TM, Rivedal S, Wickland C, Weller A (2021) Race and genetics versus 'race' in genetics: A systematic review of the use of African ancestry in genetic studies. *Evolution Medicine and Public Health* 9(1): 232–245.

Liu Y-H, Wang L, Zhang Z, Otecko NO, ..., Zhang Y-P (2021) Whole-Genome Sequencing Reveals Lactase Persistence Adaptation in European Dogs. *Molecular Biology and Evolution* 38 (11): 4884–4890.

Wang G-D, Shao X-J, Bai B, Wang J, ... Ya-Ping Zhang Y-P (2018) Structural variation during dog domestication: insights from gray wolf and dhole genomes. *National Science Review* 6(1): 110–122.

감사의 글

사람들은 생물학을 포함한 과학을 접하면 적잖이 거리를 느끼는 것 같다. 정도 차이는 있지만, 동서양, 나이, 성을 불문하고 마찬가지 아닐까. 한번은 동아리의 지도교수로 다양한 전공의 학생들과 대화를 나누던 중, 경영학과 학생들이 자연과학 전공 학생들에 관해 언급하는 이야기를 들을 수 있었다. 흰 가운을 입고 실험하는 모습이 완전히 다른 세상 사람이라 느껴졌다는 말이었다. 그 말 속에는 자신들은 과학과 아무런 관계가 없다 또는 없어도 된다는 사고가 엿보였다.

물론 졸업 이후 사회로 진출한 선배들 대부분은 과학 공부의 중요성을 깨닫지만 어쨌든 재학생들은 그렇지 않다. 현재도 그렇지만 미래로 갈수록 과학의 비중은 점점 커질 것이라는 사실, 어떤 학문이든 서로 얽혀 있는데 인문사회과학이라고 해서 자연과학을 완전히 배제하고 성립할 수는 없다는 점, 무엇보다 현대 세계에서 인류는 과학 없이는 단 하루도 살 수 없다는 사실을 어떻게 설명해야 하나? 학생들과 끊임없는 만남이 지속되면서 이러한 의무감으로 차츰 머리가 채워졌다.

교육을 주요 업으로 삼은 뒤로 나는 어떤 전공의 학생을 대상으로 하든 생물학 이해에 도움이 될 수 있는 내용과 방법을 찾으려 노력하였다. 그런 가운데 큰 빛을 선사한 것이 바로 유전자·문화 공진화론이다. 이 주제만큼 특히 인문학과 사회과학을 공부하는 많은 학생에게 생물학과의 단단한 연결점을 제공하는 주제는 없어 보인다. 누구든 우리의 현재 삶과 이어져 온 문화의 큰 비중을 부정하지 않으므로 문화에 자연스레 녹아든 생물학과 진화론을 들여다본다면 과학이라는 문턱이 조금은 낮아질 것이다.

유전자와 문화의 공진화는 인간을 비롯한 모든 생물이 환경에 대응해 변화할 수밖에 없음을 인정한다면 진지하게 고려해야 하는 주제이다. 문화는 인간이 매일 어디에서든 접하는 환경이기 때문이다. 문화적 존재로서 인간을 부정하지 않는다면, 문화에 의한 인간의 변화, 즉 진화도 생각할 수밖에 없다. 생물학은 이 지점에서 인간을 이해하는 데에 십분 자기 역할을 할 수 있고 그렇게 하고 있다. 이 책이 인간 사회와 문화의 관련성을 생각해 볼 기회를 제공하고, 나아가 생물학과 진화론에 조금이라도 관심과 흥미를 불러일으킬 수 있다면 저자로서 큰 영광일 것이다.

이 책은 많은 사람의 도움을 받았다. 무엇보다 대학에서 교양

교과목으로 개설한 '진화와 인문학', '삶과 성', '생명과학의 세계' 등의 수업을 진행하면서 대화를 나눴던 수많은 학생이 없었다면 이 책은 탄생하지 못했을 것이다. 학생들의 호기심과 참신한 사고는 세상 어디에서도 얻을 수 없는 보물 중의 보물임을 새삼 깨닫곤 했다.

이 책의 주제에 관하여 대화를 통해 영감을 주었던 많은 분께 감사를 드린다. 고희정과 정경훈을 비롯한 생물학과 동기들, 강찬호, 고동현, 구선화, 김수진, 도경선, 민경식, 박영희, 박재용, 소철환, 신의식, 신익상, 우미혜, 윤승준, 윤혜섭, 이기학, 이기호, 이명민, 이종우, 최병문, 홍찬호 등 가까운 선후배, 동료께 고마움을 전한다.

또한 연구과제를 같이 진행하면서 끊임없이 다양한 분야의 의견을 공유하고 도움을 아낌없이 제공한 김성희, 김수정, 박돈하, 박보경, 박혜정, 유광수, 이보경, 이현아, 최강식, 홍석민 등의 동료 교수들에게 깊은 고마움을 느낀다.

많은 영감을 주었던 김동규 교수, 김학철 교수와 조현모 교수, 여러 주제로 교감했던 이재성 교수, 대중을 위한 저서를 여럿 출판해 모범을 보인 김응빈 교수, 드러나지 않게 그러나 매우 큰 도움을 준 최광민 교수, 항상 새로움을 추구하는 삶의 가치를 보여준 이학배 교수, 글을 쓰는 즐거움과 고통을 공유한 장연규 교수에게 특히 고마움을 표한다. 마지막으로 글을 쓰느라 땀 흘리는 필자를 마음으로 응원하고 도와준 어머니와 아내에게 고마움을 전하는 바이다. 더불어 이 책 제작에 선뜻 응해서 지원을 아끼지 않은 바틀비 출판사에도 깊은 감사를 표한다.